上海出版资金项目
Shanghai Publishing Funds

少年的科创

干细胞

藏在身体里的器官宝库

王 慧 编著

U0395844

上海科学普及出版社

图书在版编目（CIP）数据

干细胞：藏在身体里的器官宝库 / 王慧编著. — 上海：上海科学普及出版社，2019.8（2024.9 重印）

（少年的科创）

ISBN 978-7-5427-7585-6

Ⅰ. ①干…　Ⅱ. ①王…　Ⅲ. ①干细胞-少年读物　Ⅳ. ① Q24-49

中国版本图书馆 CIP 数据核字（2019）第 155789 号

丛书策划　张建德
责任编辑　张吉容

少年的科创
干细胞
——藏在身体里的器官宝库

王　慧　编著

上海科学普及出版社出版发行

（上海中山北路 832 号　邮政编码 200070）

http://www.pspsh.com

各地新华书店经销　上海盛通时代印刷有限公司印刷

开本 889×1194　1/32　印张 3.625　字数 88 000

2019 年 8 月第 1 版　2024 年 9 月第 2 次印刷

ISBN 978-7-5427-7585-6　定价：28.00 元

前 言

　　2016 年 5 月 30 日，习近平总书记在全国科技创新大会、两院院士大会、中国科协第九次全国代表大会上发表重要讲话时强调："我国要建设世界科技强国，关键是要建设一支规模宏大、结构合理、素质优良的创新人才队伍，激发各类人才创新活力和潜力。"科技是国家强盛之基，创新是民族进步之魂。

　　习近平总书记的重要讲话对于推动我国科学普及事业的发展，意义十分重大。培养大众的创新意识，让科技创新的理念根植人心，普遍提高公众的科学素养，尤其是提高青少年科学素养，显得尤为重要。《少年的科创》丛书出版的出发点就在于此。

《少年的科创》丛书介绍了我国重大科技创新领域的相关项目，所选取的科技创新题材具有中国乃至国际先进水平。读者对象定位于广大少年朋友，因此注重通俗易懂，以故事的形式，图文并茂地加以呈现。本丛书重点介绍了创新科技项目在我们日常生活中的应用，特别是给我们日常生活带来的变化和影响。期望本丛书的出版，有助于将"科创种子"播撒进少儿读者的心灵，为他们将来踏上"科技创新"之路做好铺路石，培养他们学科学、爱科学和探索新科技的兴趣，从而为"万众创新，大众创业"起到积极的推动作用。

　　本丛书由五册组成：《智能电网——无处不在的"电力界天网"》《3D 打印——造出万物的"魔法棒"》《干细胞——藏在身体里的器官宝库》《石墨烯——神通广大的材料明星》《人工智能——开启智能时代的聪明机器》。

目 录

第 1 章

地球上的第一个生命

回到 38 亿年前

　　向南，再向西，肯尼亚的马塞马拉国家公园。一群呼扇着大耳朵的非洲象，正缓慢而笃定地走着。普通非洲象是世界上最大的陆地动物，最重的非洲象能达到惊人的 10.4 吨重。为首的那一头，已经几十岁高龄，她是这个家族的族长，现在，她正带着子孙们寻找水源。

　　离你不远，房屋外墙下的墙角背阴处，有一洼积水的小水塘，这是草履虫的家，这种单细胞动物太小了，肉眼

根本看不见。现在，它正忙着吞下比它还小的细菌，还有一些漂浮在水里的有机物碎屑。在它那短暂的只有一昼夜长的生命里，它得拼命进食，好繁殖后代。

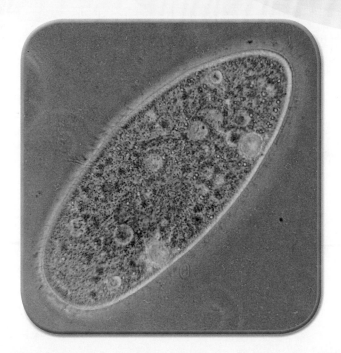

　　遥远的非洲象、墙角的草履虫、窗外开得正好的海棠，还有正阅读这句话的你，虽然个头大小悬殊，外貌天差地别，可都属于生命。

　　今天的地球上，人们已经发现至少 150 多万种动物，30 多万种植物，20 多万种微生物。除病毒外的所有生物由细胞组成。比如，低等生物——草履虫是单细胞动物，这是说它的身体只由一个细胞组成，不管是进食、游泳，还是繁殖都靠这个细胞来完成。

而高等生物——人，有超过200种细胞，身体由约10^{12}个细胞组成。这些细胞中既有形状酷似飞碟、在血管里四处游走的红细胞，为身体的各处组织送去氧气；也有像白细胞这样长着长长的触手，能抓住入侵人体的敌人，把它们吞噬消灭的身体卫士；还有能够感受化学物质，将信号传向大脑的味觉细胞……这些形形色色的细胞都是人体中的细胞。

这么多种细胞是什么时候，怎么出现的？

虽然时间机器还没诞生，但我们还是可以进行一趟脑海穿越之旅，一起回到38亿年前的地球，那时的地球正孕育着最初的生命，那里也是地球上所有生命的起点。

 第一个细胞 •••••••••••••••••••••••••••••

咦，地球怎么变成了这副模样？

"轰隆隆——"不远处，一座火山正在喷发，这是地球内部由于剧烈变化，产生了大量气体，这些气体急着寻找出路，便裹挟着滚烫的岩浆冲出地面。

抬头看看天空,咦,大气层怎么会是橙色的?如果你站得高一点,再高一点,从太空俯视地球,一定认不出它来。这时的地球表面并不是生机勃勃的蓝色,而是一颗笼罩着橙色的星球,很像现在环绕土星旋转的土卫六。

橙色的大气层说明星球上充满了甲烷,橙色正是甲烷分子遇到光发生反应后所生成产物的颜色。这时的地球,空气中还没有氧气,氢气、甲烷、氨、一氧化碳、水蒸气是当时空气的主要成分。而不断的火山喷发,加上猛烈的雷击、紫外线、电离辐射促成了一起起化学反应,化学反应的参与者是甲烷、氨、氧、氢等小分子无机物。这些化学反应逐渐形成核苷酸、氨基酸等小分子化合物。

<<<<<<<<<<<<<<<<<<<<<<<<<<<<<<<<<<<<<<<<

这时的大海是滚烫的，海水温度能达到80℃。就在这样热的海水里，氨基酸、核苷酸、脱氧核糖、嘧啶……这些小分子正混在一起，互相碰撞。在一次次的碰撞中，有些小分子聚在一起变成了蛋白质、核酸这样的大分子，硫、磷等物质也加入这场聚会，共同形成有机高分子物质。

大分子们继续碰撞着，推挤着，有些相互连接、聚集，偶然形成了圆滚滚的小液滴，小液滴表面有一层膜，把海水和内部环境分隔开来，能够跟外界进行简单的物质交换。有些液滴还能一分为二，变成两个。

最早的"细胞"就这样出现了，这就是能进行新陈代谢，并能自我繁殖的早期生命。这些"细胞"并没有停下演化的脚步，结构越来越复杂，不同的"细胞"之间差异越来越大。这些小生命不需要氧气就能生存，它们以无机物为食，生活在环境严苛的古地球。

大约27亿年前，蓝细菌诞生了，与此前的其他细菌不同，它们能够制造出地球上最早的氧，这些氧先是与海洋中的金属离子发生反应，将金属离子沉淀，让大海变得越来越清澈。接着，氧气也进入大气，提高了空气中氧气的浓度，这为接下来的地球生命大爆发铺平了道路。

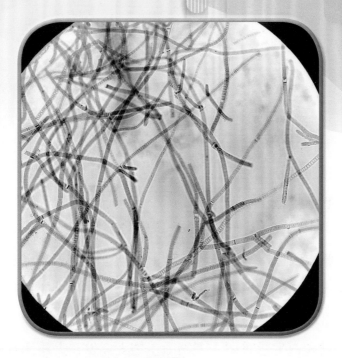

 现在的"原始生物"

　　耐热菌、耐盐菌、厌氧菌……这些跟现代生物看起来格格不入的微生物与生活在古地球上的早期生命很相似。20世纪初，科学家在美国黄石公园的热泉里，发现了丰富的微生物，要知道，这里涌出的水温高达70℃。1997年，大西洋底部3650米深的热液喷口，"延胡索酸火叶菌"安然生活在温度高达113℃的滚烫环境中。对这些微生物来说，古地球那严苛的环境根本不在话下。

地球生命史 ••••••••••••••••••••••••••

　　如果我们梳理一下地球生命史，在46亿年前，前寒武纪时期，地球诞生了。大约38亿年前，第一个细菌出现了，它们是一种单细胞生物。27亿年前，由蓝藻制造的氧气出现在地球大气层中。在生命诞生后的30亿年时间里，单细胞生物一直孤单地在地球上生活，地球上的生命体大多是小小的微生物。直到大约8亿年前，最早的多细胞生物才出现。

　　进入古生代时期，多细胞生物大爆发，大量无脊椎动物占领了地球。从三叶虫、邓氏鱼到异齿龙，这是昆虫、两栖爬行动物繁荣的时代。到了中生代，恐龙诞生，鸟类和哺乳动物在这一时期开始踏上地球的舞台。6500万年前，恐龙灭绝，新生代拉开大幕，哺乳动物成为地球的统治者。大约700万年前，由于森林面积不断缩小，人类的祖先古猿开始尝试离开大树，踏上草原。40万年前，古猿进化为南方古猿，10万年前，现代人出现了。

　　几十亿年间，地球上的生命演化不停，虽然不停地有物种落下大幕，永远逝去，但依然留下了有活过的痕迹。

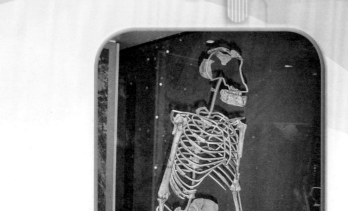

　　地层就是科学家能够一窥发生在古生物身上那惊心动魄的演化的重要材料。从地层中的生物种类可以看出，最早出现的动物化石是无脊椎动物，之后出现了鱼类、爬行类、鸟类、哺乳类。而最早出现的植物化石是水生藻类，接着是蕨类、裸子植物、被子植物。地球上生物的演化呈现出从简单到复杂，从水生到陆生，从低等到高等的变化。

　　构成生命的细胞也在不断演化，从结构简单的原核生物到真核生物，从单细胞生物到多细胞生物，现在的细胞所演化出的精密与复杂结构，与早先那简单的一层膜包裹起来的小液滴早就不能同日而语了。

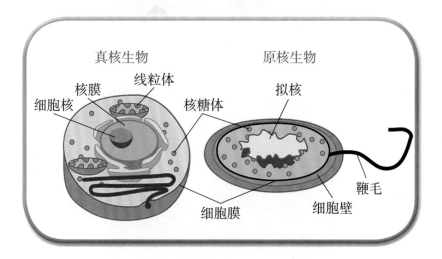

人类最熟悉却也最陌生的细胞，也在等待人类有足够能力探索自身时刻的到来。

 看见细胞的人 ·······························

3000 年前，古希腊的哲学家们用思想探索着世界的本源，德谟克利特提出了"原子"论，这理论似乎马上就能碰触到"细胞"的边缘，却由于科技的局限，显得触不可及。

1663 年，英国发明家罗伯特·胡克正在制作镜片，他很擅长制造科学仪器，也对当时粗糙的显微镜不太满意，打算自己动手改良。他将组装好的显微镜对准了一片薄薄的软木，把眼睛凑了上去。

出现在他眼前的，是此前人类从未看到的新世界：一些整齐的小孔密密麻麻地排列在一起，胡克惊喜不已。作为发现人，他觉得自己得为这些小孔起个名。因为这些密集的孔洞很像修道院里那些狭窄的单人房间，就用"cell"来命名吧，中文译名就是细胞。

不过，胡克看到的细胞并不是"活"的，而是死去的细胞遗迹，再加上他的光学显微镜虽然跟以前比已经进步不少，但依旧无法看清细胞内部的细节。

　　1677 年，荷兰科学家安东尼·列文虎克成为第一个看到活细胞的人。列文虎克的好奇心很强，他用自己制造的能放大 100 倍左右的显微镜观察矿物，观察皮肤，观察蜜蜂……观察一切能找到的东西。他把自己看到的水中的微生物、血液中的红细胞全都细致地画了出来。不过那个时候的人们还没有意识到列文虎克观察到的东西有什么用，更不会想到，这些不起眼的小东西会在几百年后成为生命科学领域最热门的研究对象之一。

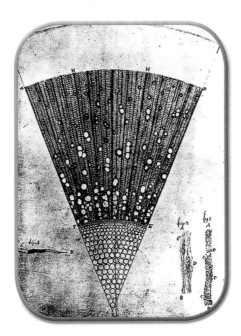

 餐馆里讨论出来的细胞学说 ·········

1935 年，德国科学家鲁斯卡设计出第一台透视电子显微镜，并拍到了金属和纤维的纤维照片。他所制造的电子显微镜能够将物体放大 10000 倍，这下人们除了能看清细胞，连细胞内部的一些结构都能看得清清楚楚：细胞核、液泡、细胞壁等。细胞也从一个时髦的新生名词变得广为人知。距离明确细胞与它在生命中所起的重要作用，只差一步了。

1938 年的一天，德国植物学家施莱登和动物学家施旺正在一家餐馆吃饭。在繁重的科研工作的间隙，能够轻松地聚在一起，聊聊彼此正在进行的研究工作是他们难得的休闲时光。

施莱登原本是一名律师，不过他后来发现自己对植物学更感兴趣，便转行研究植物学，成为一名植物学家。这时的植物学关注的主要研究问题是物种形态和分类，并没有深入微观世界。

施莱登认为，不管是结构简单的植物还是结构复杂的植物，都是由细胞组成的。施莱登也跟朋友施旺分享了自己的看法。施旺猛然想起，自己曾经在动物实验中观察到，不管观察材料是取自动物毛发、肌肉还是神经，就算功能差异再大，可里面的细胞都有类似的结构。两个人将自己的研究领域贯通起来，提出细胞学说。

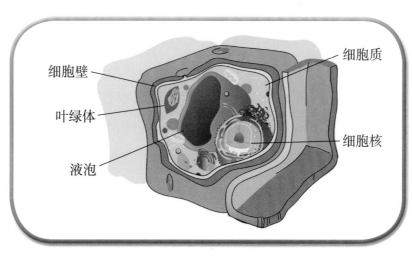

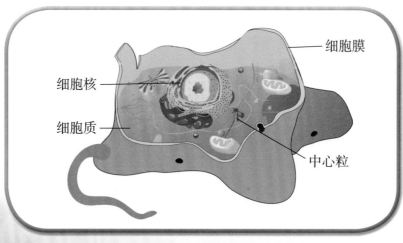

细胞学说是这样定义的：一切植物、动物都是由细胞组成的，细胞是一切动植物的基本单位。

　　这下，自然界形形色色的生命都找到了共通的基础——细胞，细胞学说也和达尔文的进化论、孟德尔的遗传学一起被称作现代生物学三大基石。

第 2 章
身体的更新之源
——成体干细胞

什么构成了你 ·····························

你是由什么构成的？也许你会低头看看自己的身体，然后一个个数过去：手、胳膊、肚子、腿，哦，还有头……也许你还记得施莱登和施旺的细胞学说，底气十足地说出：细胞！

没错，你的身体由约 10^{12} 个细胞组成，是一个庞大的细胞集合体。光看数字很难有直观的体会，我们可以测算一下：上海的人口有 3000 万，也就是 3×10^7；地球上的全部人口大约有 70 亿，也就是 7×10^9；银河系中大约有几千亿颗恒星，终于可以数到 10^{11} 了，可还跟你身体里的细胞数差了一个数量级！

人体中的细胞分属 200 多个种类，它们可不是随意散漫，四处乱逛，而是各司其职，兢兢业业地维护身体这座超级大都市的顺利运转。

如果拿一把可以逐渐放大倍数的放大镜来看看我们的身体，我们会先看见系统：消化系统、呼吸系统、神经系统……再放大一些，你会看到构成消化系统的各种器官：胃、肠、胰……把放大镜聚焦到胃上，继续放大，胃可以分成胃黏膜、胃壁……再仔细看看，胃黏膜表面的柱状上皮细胞是构成胃壁黏膜表层的重要细胞，它们能够分泌黏液，减少胃黏膜受到的来自胃液的损伤。

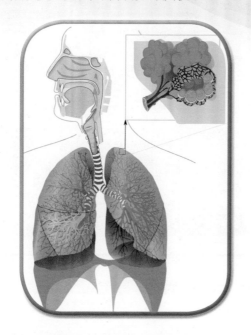

在人体的 200 多种细胞中，既有上文中的分布在胃黏膜表面的柱状上皮细胞，也有前文提到的，能够在血管里四处游走，送去氧气的红细胞、负责防御的白细胞、能感受化学物质的味蕾细胞，等等。

这些形形色色的细胞就像筑造人体这座大厦的各种钢筋、砖块。人体说到底是由各种细胞有序组合在一起所构成的。要是没有细胞作为器官的基础，就无法形成器官，不会形成系统，更不会有人这种高等生物体了！

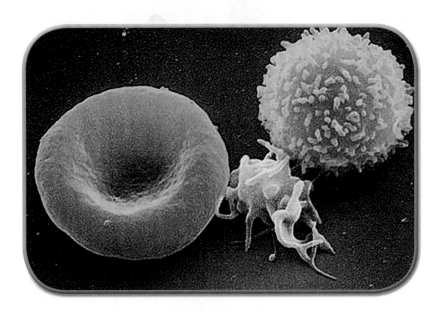

 人体细胞的种类

　　人体细胞除了能分成 200 多种不同功能、形态的细胞，也可以根据染色体的数量分成两类：生殖细胞和体细胞。生殖细胞指的是像女性的卵子和男性的精子这样与繁殖有关的细胞，这种细胞中只有 1 套基因组。当精子和卵子结合，成为受精卵，来自父母双方的各 1 套基因组就会组合在一起，受精卵就有了 2 套基因组。由受精卵发育而来的，构成人体各种器官的细胞都属于体细胞，它们中都有 2 套基因组。

长寿的身体，短命的细胞 ···········

人到底能活多少岁？有些野史记载，某些人能够活到 200 岁。这可能是由于当时的数据记录不可靠，或是老寿星无意中记错了自己的出生年份造成的误会。

生物学上，对于哺乳动物，法国生物学家巴丰提出过一个计算"生理寿命"的公式：生理寿命（岁）= 生长期 ×（5~7）。人的生长期以长出最后一颗智齿的年龄来计算，一般在 20~25 岁，因此，人的寿命范围应该在 100~175 岁。

你一定会摇摇头：可我在生活中没听说谁能活这么久啊！没错，造成人类寿命达不到预期的因素，除了一些意外灾祸，常常是因为某些器官的过早衰亡，就像一部汽车，虽然其他部件都没问题，可轮胎出了问题，或者发动机出了故障，也就没办法继续开了。不少因脑出血或心肌梗死而死亡的人，其他器官都好好的，却由于严重的脑部、心脏损伤，不幸离世了。

除了人体的寿命，构成人体的细胞各自也有寿命，比如人体皮肤最外层的上皮细胞因为会不断与外界接触，很

<<<<<<<<<<<<<<<<<<<<<<<<<<<<<<<<<<<<<<<<<<<<<<

容易磨损，所以上皮细胞的寿命只有 28 天左右。还有肠道中的小肠绒毛上皮细胞，负责从经过小肠的食物残渣中吸收养分，由于老是浸泡在消化液里，还会随着小肠的蠕动不断被揉啊搓啊的，它们的寿命就更短了，只有两三天。

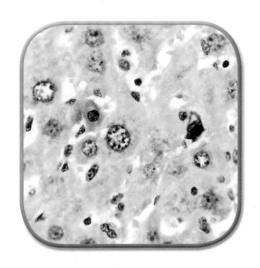

老细胞死亡了，必须要有新细胞补充上去，不然人体就会发生严重疾病。我们每个人的身体中，都有一些专门用来制造新细胞替换老细胞的神奇细胞，它们就是"干（gàn）细胞"。

说干细胞神奇，是因为它能够像大树的树干一样，不断地生枝发芽，产生其他种类的细胞，就像一个源源不断的细胞宝库。在人体中，从干细胞到分化后的成熟细胞（比如白细胞）的过程是单向的，只能从干细胞分化成形形色色的细胞，而无法从成熟细胞逆转分化退回干细胞。

干细胞不光能产生一个新的细胞用来替补凋亡细胞，还能分裂出一个新的自己作为储备，这样干细胞就不会越用越少了。

虽然对于人体来说干细胞意义重大，干细胞制造出的新细胞使人体细胞的生长与衰退能够保持动态平衡，不过人类真正对干细胞展开研究的时间却不算长，直到 50 年前，人类才算发现干细胞的存在。

 恐怖的原子弹，幸存者的怪病 ……

19 世纪，美国细胞生物学家威尔逊在《发育和遗传中的细胞》中，就首次提出了干细胞的概念。不过，真正让干细胞从概念变成实实在在的研究对象的，要从二战后对原子弹的危害研究说起。

1945 年 8 月 9 日，继美军在日本广岛扔下第一颗原子弹后，日本长崎市又遭到第二颗原子弹的攻击。原子弹在距离地面 500 米左右的空中爆炸，造成长崎市当日一半人口伤亡和失踪，整个城市超过60%的建筑被毁坏。

一些人大难不死，他们很幸运，仅仅受到轻微的烧伤或者外伤。可不久后，他们中的一些人却接连出现大出血、伤口感染，并在几周之内死亡。这使得科学家们很诧异，是什么造成了这些"幸存者"的死亡？

当时的科学研究已经知道骨髓与造血有关系，因此科学家选择将骨髓作为研究对象，想搞明白辐射与这些异常死亡的关系。加拿大科学家詹姆斯·埃德加·蒂尔和欧内斯特·麦卡洛克在实验室中模拟了原子弹爆炸对骨髓造成的影响，并试着对伤害进行修复：他们对小鼠进行辐射，然后将不同剂量的骨髓细胞注射到小鼠体内。不久，他们发现小鼠的胰脏长出了许多肿块。这些肿块正是被注射进去的骨髓中的细胞所繁殖形成的细胞团，这些细胞就像来到一片灾难后的城市废墟，正在进行灾后重建，积极地更新和分化自己！

蒂尔和麦卡洛克通过这个实验，首次证明骨髓中有干细胞的存在，这也成为干细胞最早的实验室研究。人们恍然大悟，原子弹虽然没有在他们的身体表面留下痕迹，却给他们带来了深入骨髓的灾难，他们骨髓中的造血干细胞被破坏了！

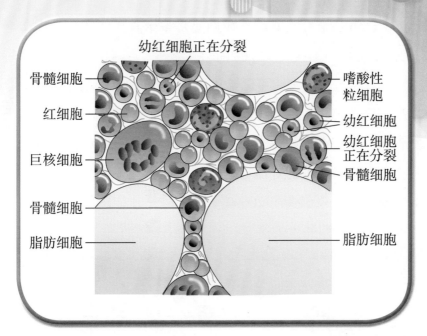

幼红细胞正在分裂

骨髓细胞

红细胞

巨核细胞

骨髓细胞

脂肪细胞

嗜酸性粒细胞

幼红细胞

幼红细胞正在分裂

骨髓细胞

脂肪细胞

 造血干细胞 ••••••••••••••••••••••••••••••

　　通过对造血干细胞的研究，科学家发现骨髓中的细胞进入辐射后的小鼠体内以后，可以通过分裂分化自己，重建小鼠的造血系统。干细胞的定义呼之欲出：干细胞是机体内一类具有自我更新和分化潜能的细胞。它有两个特点：自我更新、分化。干细胞的每次分裂，会产生一个新的干细胞和一个分化后的细胞。

这听起来有点玄幻，我们还是拿个具体的例子，用造血干细胞的产生过程来说明吧。

　　骨髓造血干细胞可以分化出至少12种血细胞，这其中就包括红细胞、白细胞和血小板。和上皮细胞、小肠绒毛细胞一样，红细胞也有自己的寿命，平均只能存活100天左右，而白细胞的寿命更短，短短几天就需要更新。你的身体每秒必须制造出20000个红细胞，才能跟得上新的细胞补充老细胞死亡的速度。

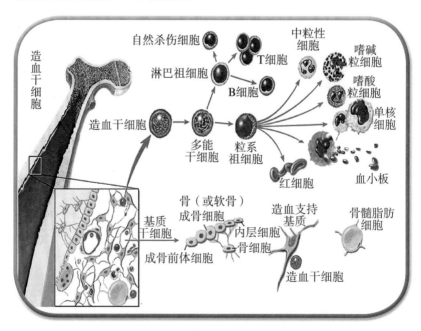

　　造血干细胞每次分裂可以产生一个新的造血干细胞作为储备，同时产生一个短期造血干细胞。这枚短期造血干

细胞作为新生血细胞的始祖，会继续分化，经过近 20 次细胞分裂，产生出 170000~720000 个成熟血细胞，包括红细胞、中性粒细胞、单核细胞等。从造血干细胞到成熟血细胞是一条单行道，成熟血细胞无法退回到造血干细胞，只能保持目前的状态，在自己的岗位上兢兢业业地工作。

 成体干细胞大家族 ·····················

除了造血干细胞，身体中还有其他与它类似的细胞，当你的身体处在健康状况时，它们能够制造新细胞，替补身体正常死亡的老细胞，保持动态平衡。当你不小心摔伤，身体受到外伤，或者生病时，它们能够分化出与损伤细胞对应的细胞类型，对机体进行修复。它们就是成体干细胞。目前科学家在骨髓、脑、牙髓、角膜、肝脏、胰腺等器官中都发现成体干细胞的存在。

在骨髓中，至少有两种成体干细胞，一种是我们已经熟悉的造血干细胞，另一种是间充质干细胞。造血干细胞可以分化出红细胞、血小板、嗜中性粒细胞等多种血细胞，而间充质干细胞可以分化成骨细胞、脂肪细胞等，它也能为造血干细胞的生长分化提供合适的环境。

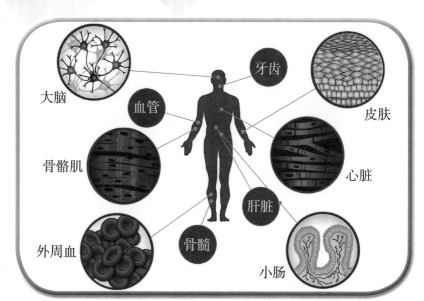

目前人类所发现的成体干细胞种类正在不断增加。2019 年，《自然》杂志刊登了我国科学家周斌研究组的新发现，他们在人体中发现了支气管肺泡干细胞。在肺部正常工作时，这种干细胞能够缓慢地自我更新，维持肺的正常运转。而当支气管或肺部受到损伤时，支气管肺泡干细胞会增殖分化出支气管上皮棒状细胞或肺泡上皮细胞，对受损的器官进行修复，恢复肺部功能。

在这些成体干细胞之中，有的成体干细胞只能分化出一种类型的细胞。比如上皮组织基底层的干细胞、肌肉中的成肌细胞，都只能分化出对应的唯一一种细胞。因为它们的功能很专一，分化能力有限，就被叫做单能干细胞。

有些成体干细胞能分化出很多种细胞，比如造血干细胞和间充质干细胞，它们就被叫做多功能干细胞。

说到这里，也许你觉得很奇怪，既然人体有这么好的修复办法，为什么还是有很多人会患上像糖尿病、尿毒症这样的器官病变，老年人会因为阿尔茨海默症而失去记忆，霍金会因为肌肉萎缩性侧索硬化症而在轮椅上度过漫长的半个世纪？

这是因为人体的不同组织再生机制和能力并不一致，血液和皮肤中的干细胞能够不断分化、更新自己，贯穿人的一生。而有些干细胞并不是一直都活跃，比如肌肉中的干细胞，通常会保持静止状态，当身体受到损伤时，才会接到信号，开始分裂自己、分化出新的细胞用来修补损伤。还有些组织中的干细胞数量很少或目前还没有被发现，比如大脑和心脏如果受到损伤，就很难修复。

如何利用人体现有的成体干细胞治疗疾病，这是科学家正在探索的热门方向。比如骨髓间充质干细胞（BMSCs）最早在骨髓中发现，后来发现许多肌体和组织中都有这种干细胞存在，它属于间充质干细胞（MSCs）大家族。

在骨骼、脂肪、肌肉、肺、肝、胰腺、脐带血中都曾分离制备出间充质干细胞。除了较早研究的骨髓间充质干

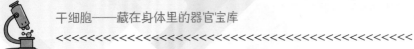

细胞外，脂肪组织中的间充质干细胞也是研究的方向，由于脂肪在人体中储藏丰富，分布较广，比较容易获得，更加方便医疗中的采集。

第 3 章

强大的全能干细胞——胚胎干细胞

 你身体的第一个细胞，受精卵是个干细胞

　　成体干细胞虽然能修补身体，可是缺点也很明显，一种成体干细胞只能分化出特定类型的细胞，无法分化出人体全部种类的细胞。这就好比明明急需种出一棵桃树，可手上却只有橡树种子可用。

　　有一种细胞比成体干细胞功能更强大、更灵活，能够分化出人体的全部细胞种类，它是成体干细胞的"祖先"，就像是一颗"万能种子"，能够种出所有我们想要的人体细胞。它也是我们每个人生命的起点——受精卵。

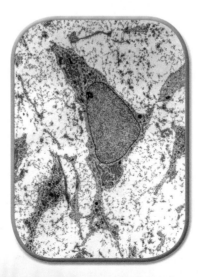

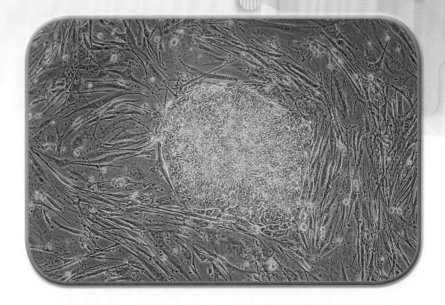

受精卵是一枚细胞，是由来自爸爸的精子和来自妈妈的卵子结合形成。形成的第二天，受精卵便不再孤单，它会复制自己，一分为二，变成两个细胞；第三天，变成四个细胞……到了第 6~7 天，一个内部空心的结构——囊胚形成了。

囊胚由几百个细胞组成，可以分为两层，外层未来主要形成胎盘，为胚胎供应营养，而内层的内细胞团，会不断分裂、分化，在 9 个月后发育成由 200 种细胞类型、约 10^{12} 个细胞精密构成的生命——胎儿。

胚胎干细胞就来自这种早期胚胎囊胚的内细胞团，这些细胞在未来能够形成胎儿的全部身体组织，不过不能形成胎盘，所以它们被叫做亚全能干细胞。而受精卵最初分化出的那 2~8 个细胞，其中的任何一个都能够形成胚胎、胎盘，它们就是当之无愧的全能干细胞了。

不过，胚胎干细胞虽然名为"胚胎"，但最早的相关研究却并没有直接来自胎儿，而是始自一种肿瘤的研究。

人体内的每个细胞都拥有全套基因组

人大约有 22000 种基因，除了精子或卵子等生殖相关细胞，人体的绝大部分细胞都有相同的基因组。造成细胞差异的，并不是细胞所拥有的基因，而是细胞所表达（打开）的基因。这就好比一栋栋装满相同 LED 灯幕的大楼外墙。虽然灯的数量、位置一样，但不同时间、不同大楼可以打开不同的灯光、亮度、颜色，来组成大楼各不相同的外墙景观。

奇怪的肿瘤——发现胚胎干细胞的契机

发现胚胎干细胞的过程还要从对畸胎瘤的研究说起。20 世纪 50 年代科学家对畸胎瘤展开了很多研究，这是一种看起来有点恐怖的肿瘤。组成这种肿瘤团块里，既有毛发，也有牙齿，还有脂肪、软骨，等等。就像从身体中的各种器官都分出一些组织，然后乱七八糟地堆在一起一样。

科学家发现，要是把早期的小鼠胚胎移植到成年小鼠体内，就会产生畸胎瘤。而从畸胎瘤中取出的细胞能够在实验室中不停地自我复制，并分化出各种各样的细胞，这说明构成畸胎瘤的细胞具有强大的自我更新和分化能力。

当时不少科学家认为畸胎瘤就是一种肿瘤，没有什么深入研究的价值。不过，剑桥大学的科学家马丁·埃文斯可不这么认为，在他眼里，畸胎瘤看起来很像一团分化错误的早期胚胎。畸胎瘤里的细胞很有活力和能力，只是误入歧途，成为"肿瘤细胞"。

那么，如果干细胞出现在胚胎形成的肿瘤里，是不是能够直接从胚胎里获得错误分化前的"种子"细胞呢？

20 世纪 80 年代，马丁·埃文斯从小鼠囊胚中提取出干细胞，为了测试这些细胞的能力，他先将这些来自胚胎的细胞培养在实验室里。这些细胞很活跃，在培养基里也能继续复制和分化。那么，能不能用这种细胞制造出一只活生生的小鼠呢？

他挑出一些细胞注射到小鼠囊胚中，再将囊胚送到母鼠体内。不久，融合了两只小鼠特征的嵌合体小鼠诞生了。实验的成功证明了他所提取出的确实是小鼠胚胎干细胞。之后，马修·库夫曼、盖尔·马丁也先后成功建立起小鼠的胚胎干细胞系。这使得更多的科学家能够在实验室中以这种细胞系作为实验材料，开展深度科学研究。来自胚胎干细胞的研究数据急剧增加，人们也期待能够将研究关注点转向人体胚胎干细胞。

细胞系

细胞系是由一个细胞繁殖出的一群细胞，一个细胞系中的所有细胞都来源于同一个细胞先祖，它们的基因组都是相同的。细胞系可以在实验室中长期培养，不断繁殖。只有有了稳定的胚胎干细胞系，科学家才有研究材料，才可能在实验室中深入研究胚胎干细胞，不然就像无米之炊，连研究对象都没有，更别提用它去治病了。

人类胚胎干细胞——翘首以盼的医学之光

人类胚胎干细胞的研究与另外一项技术有关，那就是试管婴儿。

1978年，全世界第一个试管婴儿路易斯·布朗在英国出生了。她的出生轰动了世界！她的出生要追溯到1977年，剑桥大学教授爱德华兹在实验室的试管中，完成了几千年来人们认为神秘而不可预知的受精过程：采集来自父亲的精子和来自母亲的卵子，在实验室中让它们结合受精。之后，将这枚受精卵植入路易斯的母亲体内，受精卵的发育过程在母体中完成，与自然孕育的胎儿并没有什么不同。

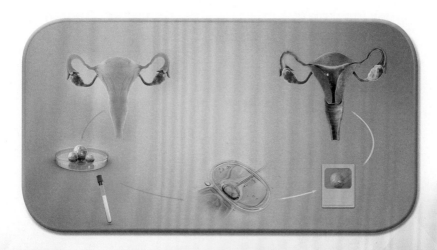

试管婴儿技术使原本因为输卵管堵塞无法怀孕的路易斯妈妈获得了宝贝女儿。而原本对试管婴儿技术抱着怀疑和观望态度的大众，看到健康的女孩诞生也都松了一口气。现在，路易斯·布朗也已经成为妈妈，试管婴儿技术在40年间，从最开始的被质疑，到被越来越多的人所接受，已经帮助500万名"试管宝宝"诞生。

为了提高受孕成功率，医生在试管婴儿流程中会特意多制造出一些受精卵，并让它们发育成胚胎，保存在低温液氮中备用。当受孕成功后，多出来的胚胎会由父母选择，是捐赠给科学研究还是销毁。试管婴儿技术在无意中，成为获取人类胚胎干细胞的来源。

美国威斯康星大学的汤姆森教授，就使用捐献者提供的多余胚胎开始了分离人胚胎干细胞的实验。1998年，他和团队利用与分离小鼠胚胎干细胞类似的技术，从14个受精5天的人类受精卵的内细胞团中，获得胚胎干细胞，尝试建立人胚胎干细胞细胞系。

可人类的胚胎干细胞系非常难以建立，因为未分化的胚胎干细胞并不是一种稳定的自然状态，只是受精卵发育过程中的短短一瞬。就像一潭聚集在山顶上的水，处在不稳定的状态，总想向着山脚下倾泻而出。只要一有机会，胚胎干细胞就蠢蠢欲动，试图分化成成熟细胞。

大多数时候，胚胎干细胞很容易分化成神经元、心脏细胞。

为了维持胚胎干细胞的未分化状态，汤姆森试着改变各种培养环境。最终发现，胚胎干细胞需要来自周围环境中的某些信号才能保持不分化的状态。汤姆森通过在培养皿中加入小鼠皮肤细胞，给予胚胎干细胞"不要分化"的信号。

他还发现，胚胎干细胞比较"独立"，不喜欢拥挤，一旦培养皿里的细胞太密了，它们觉得营养物质不够用，就会争先恐后地分化。可胚胎干细胞也不喜欢太"冷清"，不喜欢太孤单的环境，如果周围的细胞太少，胚胎干细胞就会停止分裂。因此保持适当的密度很重要，汤姆森需要及时将分裂出的细胞移到新的培养皿中，让胚胎干细胞一直处在舒服的环境里，就会保持高速繁殖自己而不分化的状态了。

最终，汤姆森从原始的 14 个胚胎中，成功建立了 5 株胚胎干细胞系。他制作的细胞系已经复制了几十代，到现在依然在实验室条件下正常地分裂而不分化。世界各地研究人类干细胞的实验室中都使用着汤姆森建立的胚胎干细胞系。

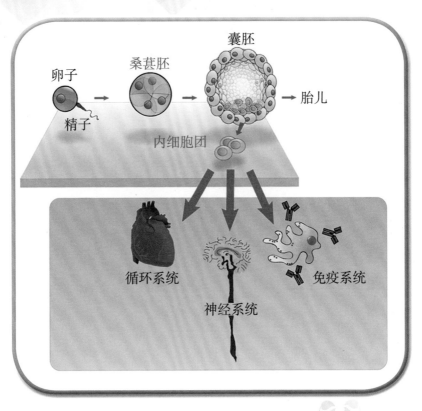

 胚胎干细胞引发的轩然大波·········

　　获得了胚胎干细胞，似乎关于人类胚胎干细胞的研究就可以大步向前了，如果哪个器官出了问题，只要像给出了故障的汽车换零件那样，用胚胎干细胞制造一个新器官，替换掉老器官不就彻底解决问题了？让胚胎干细胞发育成人们想要的器官似乎变成了一件指日可待的事情。

不过，胚胎干细胞的应用可没那么简单。科学家还没有能完全摸清什么样的培养条件能产生哪种细胞，而且胚胎干细胞所具有的强大潜能也恰恰成了它在临床应用中的隐患。发现胚胎干细胞的畸胎瘤就是其中之一，胚胎干细胞输入人体后，有形成畸胎瘤的风险，虽然这种肿瘤是良性肿瘤，能够切除，但如果形成部位在大脑中，后果就很严重了，这些风险限制了胚胎干细胞在临床中的试验和应用。

还有一个难题，那就是使用的胚胎干细胞从哪儿来，这关系到生物伦理问题。对这个问题，各国政府和普通民众对胚胎干细胞的态度分成了两派：赞成派和反对派。

反对派认为，胚胎干细胞提取自胚胎，如果把这个胚胎放在母体中，它原本能够成为"他"或者"她"，能够成为一个活生生的生命，而取胚胎干细胞必定会破坏胚胎。受精卵和已经出生的人没有什么本质的不同，破坏受精卵等于杀人。而赞成派认为，用来提取胚胎干细胞的胚胎是经父母确认捐赠的，而且这些胚胎如果不用在科学实验中，在体外受精成功后，也会被销毁废弃，而将胚胎干细胞应用到医学中，能够挽救许多人的生命！

在赞成派中，有不少人的亲人正罹患阿尔茨海默症这样的细胞坏死性疾病，他们急切地寻找着能治好亲人的疗法。美国前总统里根因患有阿尔茨海默症，记忆力衰退，难以用语言表述自己的想法，他的夫人就曾写信给当时的美国总统布什，希望能支持干细胞研究。

他们都觉得自己的理论才是对的，绝对不接受对方的观点，关于胚胎干细胞的大讨论，影响到各国基金对胚胎干细胞研究的支持，也促使各国纷纷加快关于胚胎干细胞研究的法律制定。

在美国，关于胚胎干细胞的研究在不同的时间有不同的政策。1996年，美国国会立法禁止资助对于损坏胚胎的一切研究。2001年，布什政府允许了某些研究，但干细胞研究依旧受到很多束缚，影响了新发现的进程。2009年，奥巴马政府支持关于干细胞的研究，可一些组织却通过起诉，反对政府对干细胞研究的支持。经历了长期停滞和拉锯之后，目前美国政府批准可以使用试管婴儿这样以辅助生殖为目标，在治疗完成后经过捐赠者签署许可的胚胎进行人胚胎干细胞的研究。

在德国，有"保护人类胚胎法"，使任何破坏人类胚胎的实验都无法进行。

在我国，2003年出台的《人胚胎干细胞研究的伦理指导原则》中对于何种胚胎可以进行研究进行了明确规范：

自核移植或受精开始 14 天内的胚胎，且符合其他法律法规的胚胎才可以用于胚胎干细胞研究。

在不少国家，政策导向导致一些实验室失去来自政府的基金资助，失去了资助的科学家无法继续研究，有的科学家不得不转向其他研究方向，还有的科学家只好将实验室整个搬到允许人类胚胎干细胞研究的国家，好继续自己的研究。

伦理困境使得刚刚显露出曙光的人胚胎干细胞研究陷入困境。还有其他办法能制造胚胎干细胞吗？将核移植技术用在干细胞制造上的科学家那里传来了新的研究成果。

第 4 章
治疗性克隆，用患者自己的细胞制造胚胎干细胞

用患者的细胞制造胚胎干细胞······

　　2013年，美国俄勒冈健康科学大学在国际知名科学杂志《细胞》上，发表了一篇文章。他们通过"体细胞克隆技术"培育出了人胚胎干细胞。在实验中，他们绕开了饱受争议的：利用受精卵提取人胚胎干细胞的老办法，而是采用了将人体的皮肤细胞与女性志愿者提供的卵细胞融合的方法。

　　实验中使用了100多个卵细胞，先移除这些卵细胞的细胞核，然后移入皮肤细胞的细胞核，形成融合细胞。这些细胞中，有21个成功发育到囊胚期，也就是适合提取胚胎干细胞的阶段。从这些细胞中最终获得6个胚胎干细胞，这些胚胎干细胞在实验室中成功分化成为心肌细胞。

　　这项"克隆性治疗"技术比提取自受精卵的胚胎干细胞更适合用于医疗，给患者带来的危险性更少。因为每个活生生的人，虽说都发育自受精卵，但一旦成为人，生命初期的那颗受精卵就已经消失了，除非是有同卵双胞胎兄弟，不然世界上没有一个人会和你有相同的基因组。而提取人胚胎干细胞必须是从受精卵早期形成的囊胚中提取，所以无法通过提取的办法获得你的胚胎干细胞，而只能从跟你基因组不同的其他受精卵中提取。

这些与你基因型不同的胚胎干细胞在使用中有很多限制。别忘了，人体有强大的免疫系统，它既是保护人体健康的重要屏障，也是器官移植的一大阻碍。

你一定有过感冒发烧的经历，如果是普通感冒，就算不吃药，过上几天就会康复，这就是免疫系统在起作用。免疫系统中的巨噬细胞一旦遇到病原体，就会启动快速反应，产生细胞

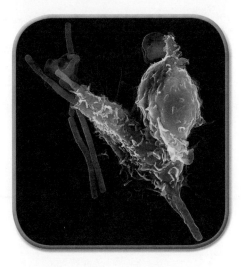

因子和杀伤性介质等武器，清除病原体，炎症就是这一反应的表现。还有淋巴细胞，它们就像人体的卫士，每天在人体中巡逻，遇到病原体或者癌变的细胞，就会迅速投入战斗，杀灭敌人。正是强大的免疫系统保证着人类的安全。可如果移植外源的器官和细胞，免疫系统一样会判定它们为"入侵者"，启动免疫排斥反应，对这些外来器官进行攻击和清除。所以在进行器官移植手术之前，医生都会为患

者选择人类白细胞抗原 HLA 尽可能接近的供体器官，以便降低排异反应。

如果使用治疗性克隆，就能制造出完全不会产生排异反应的器官。因为这枚器官的来源细胞就取自患者自己：把患者的皮肤细胞与卵细胞融合，所形成的胚胎干细胞与患者的基因组完全一样。用这样的胚胎干细胞培养出的器官植入患者体内，就不会产生排异反应。

"治疗型克隆"并不是一项全新的技术，而是有着坚实的基础和丰富的实验经验作为铺垫，那就是曾经轰动世界的科研成果——克隆。

 人类白细胞抗原HLA

在骨髓、器官移植前，医生会为患者进行配型，选择 HLA 接近的捐献者所提供的造血干细胞。否则，不管是器官移植还是造血干细胞移植，如果受体和供体的 HLA 差异较大，就会造成免疫排斥反应。

HLA 在人体所有细胞上都存在，类似于细胞的"身份证"，能够让免疫系统识别哪些细胞是自体的，哪些细胞是异体的。同卵双胞胎的 HLA 完全相同。供体与受体 HLA 越接近，移植造成的免疫排斥反应就会越低，移植成功率也会增加。

不神秘也不古老的技术——克隆……

"克隆"这个词，你一定不陌生。电影《侏罗纪世界》里，科学家尝试克隆恐龙；《逃出克隆岛》里，克隆人被作为"原版"人的器官供体，为了逃避自己的宿命，克隆人们拼死一搏，试图揭开真相。

克隆意味着"拷贝、复制"，音译自英文"clone"。1963年，英国遗传学家霍尔丹使用"clone"来指代无性繁殖，也就是不需要父母双方，只靠一个个体就能繁殖后代的方式。

不过，古人很早就在无意中"克隆"植物了，我们熟悉的"无心插柳柳成荫"，就是一种克隆，这是用插枝的方法，令部分植物组织长出完整植株的过程。农业中繁殖土豆只要切下部分块茎埋在土里，就能长出新的土豆；把

葡萄的枝条截成很多段，就能大量繁殖出新的植株……这些都是无性繁殖，新植株的基因组和母体的一模一样。

除了植物，动物界中的水螅能够从自己的身体上"长"出小水螅，看起来就像发出了一根根嫩芽，等小水螅长大脱落，就长成一堆和母体一模一样的小水螅。蚜虫也能够克隆自己，仅靠雌性就能产下大量和自己基因组一样的小蚜虫。

微生物中的自然克隆就更多了，用来发酵制作面包和啤酒的酵母菌也是靠着和水螅类似的方法繁殖后代的。大肠杆菌更是克隆自己的高手，每 20 分钟就能一分为二，制造出一个新的自己，使菌落呈现指数级增长。

自然界的克隆和农业上的人工克隆长期以来一直没太引起大众的注意，因为人们曾经认为克隆是只有在线虫、蝎子、竹节虫这样的低等生物身上才有的现象，跟人类这样结构复杂的高等动物关系不大。

不过，科学家一直在尝试突破自然界的克隆边界。20 世纪 60 年代，英国发育生物学家格登将爪蟾肠上皮细胞的细胞核移植到卵细胞里，这些"核移植"细胞发育成了新的爪蟾。

格登的实验打破只有早期胚胎细胞才能克隆的陈旧观点，他所设计的"核移植"方法直到今天依然是动物克隆的主要方法。

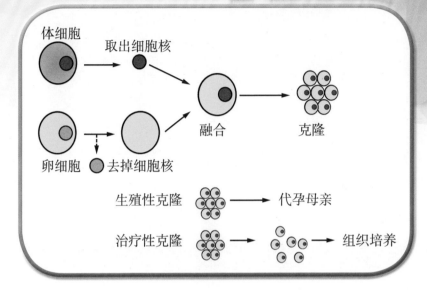

1984年，英国科学家维拉德森把绵羊的胚胎细胞进行核移植，制造出了克隆绵羊，这也是第一只用细胞核移植制造的哺乳动物。不过想要像爪蟾那样，把哺乳动物的体细胞克隆出新动物，就要花更多的时间了。

1997年，人们惊讶地发现，高等动物的体细胞克隆时代，终于到来了。

为什么植物比动物更容易克隆

植物比动物的结构更简单，不像动物的身体结构那么精密，细胞的种类也更少。植物的根尖、芽尖都有分生细胞，这些细胞可以分化成所有种类的植物细胞。而且不像动物细胞只能从受精卵分化成各种动物细胞，植物的分化是可逆的，就像随时可以让时间倒转，退回生命起点，再重新开始，克隆一个新的自己。

 "多利" 来了 ‥‥‥‥‥‥‥‥‥‥‥‥‥‥‥‥‥

1997 年，《泰晤士报》报道了一头小羊的故事，这只名叫"多利"的小羊并不像它的其他同伴那样有爸爸和妈妈，而是威尔穆特团队用一头母羊的乳腺细胞通过克隆技术制造出来的。这条消息很快全遍全球，引起世界各国的关注和警惕。

多利来自一头绵羊的乳腺细胞。这枚乳腺细胞与另一头羊的去核卵细胞融合，制造出了融合细胞。融合细胞经过电脉冲开始分裂，它与普通的早期胚胎在分裂方式上并没有什么不同。之后科学家将胚胎移入第三头羊的子宫，经过孕育分娩的小羊，就是多利。

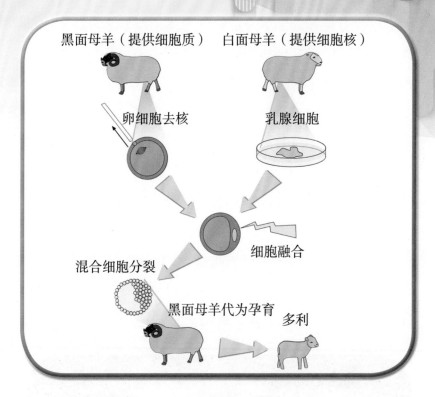

黑面母羊（提供细胞质）   白面母羊（提供细胞核）

卵细胞去核   乳腺细胞

细胞融合

混合细胞分裂

黑面母羊代为孕育   多利

虽然听起来原理和步骤好像很简单，但在实际操作中多利的诞生非常艰难。威尔穆特团队一共做了 277 个核移植，其中只有 29 个能长到囊胚期，再将这些囊胚期细胞移植到 13 头母羊的子宫里，最终只有多利这一头小羊顺利诞生，成功率连百分之一都不到！

那么为什么把细胞核放到卵细胞里就能让细胞一切清零，像受精卵一样从头发育呢？首先，动物的受精卵细胞和出生后的体细胞所拥有的基因组是一样的。而卵细胞的细胞质含有特殊的能力，能够让原本已经处于分化末端的成熟体细胞中的基因重新表达，就像乘坐上逆向列车，退回受精卵这个起点，从头开始分化。

在多利以前，科学界普遍认为，高等动物的细胞分化过程是个单行道，只能向前走，而没有回头路。多利的诞生打破了这一观点。让科学家打开了一片新的探索领域。

多利一生都活在全世界关注的目光之下，人们关注它的健康状况怎么样？关注它能活多久，它能繁殖后代吗？1999 年，多利的第一个孩子诞生。2000 年，多利又产下第二胎……2003 年，多利因为肺病，接受安乐死离世，它的标本被安放在苏格兰国家博物馆。

克隆能完全清除体细胞携带的全部印记吗

从一头绵羊身上取下的细胞，进行克隆获得的新绵羊和"原版"绵羊真的一模一样吗？当然不是，在"原版"绵羊诞生、长大的过程中，细胞中会留下许多痕迹，比如DNA甲基化就会在DNA身上留下印记，抑制基因的表达。这些印记在克隆多利时并没有擦除，而且让已经关闭的基因正确地重新启动表达是非常复杂和难以控制的任务。再加上"原版"羊在正常长大过程中，遭遇到辐射、病毒都可能会造成基因突变，这些异常基因在克隆过程中都不会被修正。加上"原版"绵羊在取乳腺细胞时已经六岁，染色体上与寿命有关的端粒长度已经缩短。虽然多利因病毒感染而死，有些科学家依然认为，多利的早逝与这些因素有关。

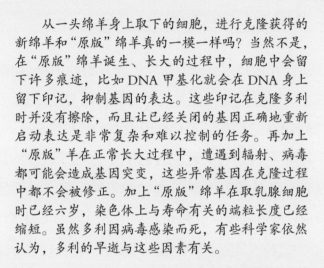

DNA 甲基化

DNA甲基化是通过在核苷酸上添加甲基（— CH_3）抑制基因表达的方式。

除了生殖细胞，每个细胞中都含有全套基因组，拥有能够成为一个新个体的全部信息。如果不"管理"好这些基因，不该活跃的基因太活跃，可能会造成基因突变等问题。生物在演化过程中，出现了各种方法来使基因组保持稳定，DNA甲基化就是其中之一。

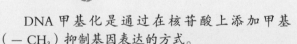

克隆人，无法碰触的克隆禁区 ·······

2017年诺贝尔文学奖得主石黑一雄的小说《别让我走》就描绘了一群克隆人作为人体器官捐献者的故事，克隆人与"原版"人之间的关系再度引发人们的深思。

1997年，多利的诞生开启了生命科学研究的新方向。不过，克隆技术也引起了人类的警惕。绵羊是哺乳动物，人类也是哺乳动物。克隆羊成功了，克隆人还有多远？

在多利之后，世界上许多实验室都先后报告了克隆动物的诞生：1997年，多利出生后不久，克隆猪、克隆牛成功的消息就见诸报端。1998年，美国科学家使用牛卵子这一种卵细胞作为辅助，克隆出猪、牛、羊、鼠等动物的胚胎，不过这些动物都没能顺利孕育诞生。2017年11月，名为"中中"的克隆猕猴在中国诞生，不久，它的兄弟"华华"也来到了世界。它们和人类一样是灵长类动物，比其他哺乳动物更难克隆，卵细胞和细胞核的操作要求都很高。中国科学家的这项突破被《细胞》杂志作为封面文章隆重发表。

截至目前，已经有超过 20 种哺乳动物被成功克隆了。克隆研究领域的一项又一项新发现不断拓展着人类的认知边界。在美国，克隆技术已经进入商业化领域，有人花费巨资只为克隆自己的宠物狗。

想要"复活"自己的爱犬，主人要先花费 1300 美元，由宠物克隆公司从去世的狗身上提取皮肤细胞，保存在液氮里备用。然后再支付 5 万美元用来克隆。活泼可爱的新生小狗抚慰了主人的心灵，但是人们都知道，虽然基因相同，但克隆狗与"原版"狗不管是性格还是习性都会有差异，逝去的那条狗永远都回不来了。

在多利诞生后不久，督促尽快立法阻止关于克隆人的呼声就一浪高过一浪。1997 年 5 月，世界医学会和世界卫生大会先后通过了要求科学家远离克隆人的决议。2005 年，第 59 届联合国大会通过《联合国关于人的克隆宣言》，要求各国禁止任何形式的克隆人行为。

克隆多利的技术的成功，实现了将一个体细胞逆转成为胚胎干细胞的过程。我们每个人都由受精卵而来，但我们的诞生意味着那枚受精卵已经消失了，失去了提取每个人胚胎干细胞的机会。那么，以克隆技术作为基础的治疗性克隆是不是能帮助陷入伦理困境的人胚胎干细胞技术找到新的干细胞来源呢？

 ## 能用克隆技术克隆已经灭绝的动物吗？

　　想要克隆一种动物，需要获得这种动物的细胞核，如果是像恐龙这样灭绝已久的动物，很难提取足够的DNA用来克隆。而猛犸象虽是一种已经灭绝几千年的动物，但它曾经生活在寒冷的西伯利亚，由于那里环境寒冷，也许有一些死去的猛犸象仍保存完好，能够获得足够的DNA用于克隆，科学家们正在尝试。

　　不过，克隆动物由于基因组和"原版"动物一样，因此就算克隆了濒临灭绝的动物，也只是增加了动物的数量，并没有丰富动物的基因库。

 ## 饱受争议的治疗性克隆 ················

　　治疗性克隆虽然在技术上设想很美好，也能解决很多医学难题，但自从这项技术诞生开始，争议就没停下来过。

正像克隆多利时所遇到的情况一样，想要用体细胞成功克隆一个高等哺乳动物，成功率极低，如果应用到人类身上，意味着需要大量卵子。多利的制造过程中使用了将近300颗绵羊卵子。而在生育期的成年女性，每个月才能产生一颗宝贵的卵子，来自志愿者的卵子非常有限，而且取卵手术本身具有危险性。可治疗性克隆的成功却需要大量的卵细胞去增加成功的可能。

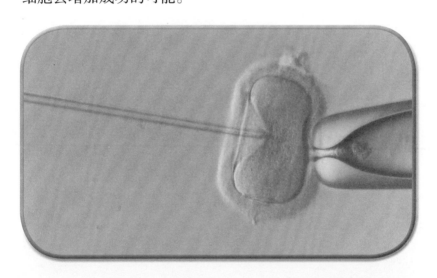

除了要消耗大量的卵子，治疗性克隆和制造克隆人只有一墙之隔。想想看，患者皮肤细胞与卵细胞形成的囊胚，如果用于细胞分化，就能制造出各种人体细胞或是器官，用于医治患者。可要是这囊胚一旦被不法分子植入女性子宫，就可能孕育出与提供皮肤细胞的人基因组完全一样的克隆人。

因此，这项技术饱受反对克隆人组织的抗议。前有人体干细胞研究被禁止，后有治疗性克隆面临重重伦理问题，干细胞技术是不是已经到了进退维谷的地步了？

第 5 章
诱导性多能干细胞

转行的骨科医生 ························

山中伸弥是京都大学诱导性多能干细胞（iPS 细胞）研究所的负责人。

2012 年，他获得诺贝尔生理学或医学奖，这一年他刚满 50 岁。

山中伸弥曾是骨科医生，在一线工作中遇到了很多骨科重症患者，还有很多神经受损患者，由于医疗手段有限，很多疾病无法得到彻底医治。山中伸弥很受打击，觉得束手无策，这也激发了他转向基础医学研究的念头。既然现有的医疗条件无法治愈患者，那么如果能够从基础医学上找到突破，就能开发出新的疗法了啊。如果基础医学得到进步，就能救治成百上千倍数量的患者了。

于是山中毅然转向基础研究，他考入大阪市立大学，进入药理学实验室开始生物学实验。可最初的实验结果却与预想中的完全相反。"太有趣了！"山中没有被意料之外的结果打倒，而是被神奇的生命科学吸引，从日本的药理学实验室，进入美国的格拉德斯通心血管疾病研究所继续学习。

在美国研究胆固醇代谢的实验中，山中发现了一种名叫 NAT1 的基因。他发现如果这种基因表达的蛋白质出现异常，可能会造成小鼠肝部肿瘤的发生。为了继续研究这种基因，他需要借助小鼠胚胎干细胞的力量，因此他的视线就这样转向胚胎干细胞。

受挫的研究

1996 年，山中在美国的研究员聘期结束，他回到日本还带回了自己在美国制造的 NAT1 基因和含有 NAT1 基因的小鼠。

美国对于干细胞的研究开展很早，科学氛围浓厚，科学家们的聚会讨论也很多，可回到日本后，山中突然发现自己的研究困难重重。他关于 NAT1 基因的文章也被多家日本期刊拒稿了，这种与小鼠早期发育有关的基因并没有引起人们的注意。

1998 年，从美国传来汤姆森培养出人胚胎干细胞系的消息，许多干细胞研究学者将研究方向转向诱导人胚胎干

细胞的分化，想办法让干细胞发育成人们需要的细胞类型。不过在日本，由于对人胚胎干细胞有着严格的管控，购买人胚胎干细胞系的价格又十分昂贵，山中伸弥发现自己几乎无法继续这门当时最尖端的研究了。

在当时，干细胞领域的科学家纷纷将目光聚焦胚胎干细胞的分化，使它向自己想要的细胞类型转变，想要驾驭干细胞。巨额人力、经费被投入这一领域。山中没有投身当时研究最热火朝天的领域，而是从反向入手，他想既然大家都在做分化，那我能不能研究去分化，想办法把其他细胞诱导成胚胎干细胞呢？

 iPS 细胞，一项颠覆旧思想的发明……

克隆羊多利的诞生启发了山中，既然能够利用卵细胞使高等动物体细胞的细胞核重新编程，退回到胚胎早期的干细胞状态，那么一定还有其他办法可以实现这个过程，我要找到这第二种方法!

　　能够操纵细胞"清零"的,是躲在幕后的基因。拿人体细胞来说,人共有 25000 个基因,这么多基因里,到底哪些是能够帮助体细胞逆转的基因呢? 山中伸弥经过大量的准备工作,挑选出 24 个在胚胎干细胞中很活跃,而在体细胞中很沉默的基因。

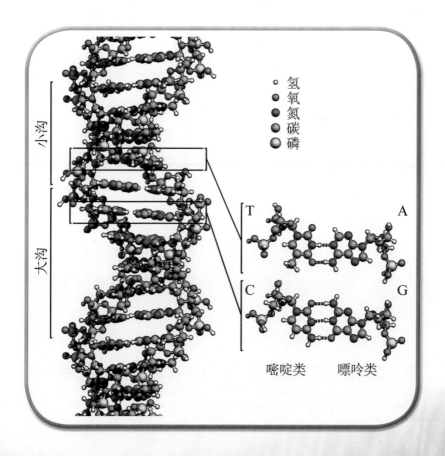

<<<<<<<<<<<<<<<<<<<<<<<<<<<<<<<<<<<<<<<<<

山中伸弥和学生高桥和利一起，将全部24个基因都在小鼠成纤维细胞中大量表达，这些原本来源自皮肤的细胞，经过某种特殊的干细胞的中间状态后，就像被"格式化"一样清了零，就像从头开始一样，能够分化出心肌细胞了！

这种神秘的中间状态干细胞和胚胎干细胞很相似，不过却源于皮肤。山中给这种中间状态的细胞起名 iPS 细胞，意思是诱导多能干细胞（induced pluripotent stem cells）。接着他们像做数学题一样，对这24个基因进行各种组合精简，最终圈定了4个基因：Oct3/4、Sox2、c-Myc、Klf4。这4个基因缺一不可，缺了哪个，小鼠的成纤维细胞都无法变成类似胚胎干细胞那样的多能干细胞。

2006年，小鼠 iPS 细胞问世，此时的山中还是刚刚来到京都大学担任教授的不知名学者。他将这篇文章发表在《科学》杂志上。不过，最初的几个月科学界看起来对这项研究没什么反应，似乎没激起任何水花。

原来，不少实验室对没有什么名气的山中的实验结果都保持谨慎态度，正在加班加点验证他的实验是否可以重复。

到了2007年初，麻省理工大学和哈佛大学分别报告通过实验证实了山中的实验是可靠的，小鼠 iPS 细胞是真实存在的。一时间，全世界的干细胞实验室都开始激烈竞争，抢着第一个制造出人类的 iPS 细胞。

2007 年 11 月，山中伸弥和培养出人胚胎干细胞系的汤姆森团队分别发表文章，报道成功将人的皮肤细胞诱导成为 iPS 细胞的方法。iPS 细胞的制备技术成功地在人体的细胞上实现。

多利之父威尔穆特得知人 iPS 细胞诱导成功的消息非常兴奋，认为这项技术避开了克隆和使用生殖细胞这两项长期以来争论不休的技术，采用了更容易被社会公众所接受的干细胞制造方法。

长达数年的人胚胎干细胞研究伦理困境找到了突破口，科学家有了一条新的制造多能干细胞的研究方法，全球从事人胚胎干细胞研究的科学家都为之获益。

由于从事的是看起来绝不会有终点的科研工作，山中伸弥把自己比作锁链上的小小一环。在前人的基础上打造出新的一环，而自己的成果又能成为后来科学家的前一环，那么只要踏实可靠地完成自己的这一环，假以时日，人类的科学不断取得进展，总有一天会获得惊人的成果，就这样继续踏实探索吧。

iPS 细胞小鼠"小小"

　　2009 年，《自然》《科学》杂志先后报道了中国科学家周琪团队将来自一只黑色小鼠尾巴上的皮肤细胞，经过转基因，诱导出 iPS 细胞，再将这些细胞一一植入小鼠囊胚中，之后放入小鼠子宫，诞生出 27 只小鼠，第一只被起名为"小小"。这项实验证明了 iPS 细胞具有全能性，能够像胚胎干细胞一样，发育成完整个体。

 iPS 细胞能解决所有的问题吗 ⋯⋯⋯

　　iPS 细胞和人胚胎干细胞很像，它们不光具有高度分化的潜能可以用于治疗性克隆，还由于取自患者本身，再分化成成熟细胞或是器官，植入患者体内后，和原来的器官一模一样，不会引起免疫排斥反应。人们非常盼望 iPS 细胞能够早日投入临床应用，治疗心肌坏死、关节损伤，还有像帕金森症这样的神经系统疾病。

　　不过，使用 iPS 细胞也有风险。首先，山中伸弥是使用逆转录病毒作为运载工具，将 4 个早期发育因子基因导入人体细胞的，这些逆转录病毒会永远留在细胞里，留下了安全隐患。有些逆转录病毒还可能插入细胞的基因组里，可能诱发细胞癌变。另外，四个早期发育基因之一的 c-Myc 是原癌基因，既能促使细胞返老还童，也容易使细胞癌变。

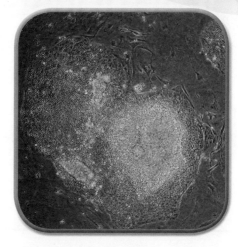

针对这些问题，山中尝试不使用逆转录病毒，而是用其他办法将基因转入细胞，并且不使用 c-Myc，而是改变培养细胞的条件让细胞变成 iPS 细胞，这些改良都获得了成功。

在早期，山中培育 iPS 细胞的成功率很低，100 个转入"山中因子"的细胞，只有 1~2 个能够转化为 iPS 细胞。在山中开启细胞"返老还童"的新思路后，世界各地的科学家都尝试采用不同的办法制造 iPS 细胞，以提高成功率。有的实验选择插入其他种类的基因，有的实验借助信使 RNA 的转录，有的实验使用 microRNA 转染细胞。

2013 年，以色列科学家雅各布·翰拿发现 MBD3 基因所表达的蛋白会抑制细胞分化，通过抑制这种基因的表达，iPS 细胞的转化率大幅提高。就这样，iPS 细胞的制造方法和效率不断被提高。

iPS 细胞已经能够完全替代胚胎干细胞了吗？山中并不这么认为。虽然他认为 iPS 细胞有潜力治愈脊髓损伤、帕金森病、糖尿病等疾病，但是 iPS 细胞培育成功至今，不过 10 年时间，还为时过短。山中很谨慎地表示，iPS 细胞还需要经历时间，经历全世界科学家的检验。

iPS 细胞与胚胎干细胞有着相近的分化能力，在植入患者体内后，同样面临着控制分化方向难，可能诱发肿瘤的风险。加上 iPS 细胞源于体细胞，这些细胞在人的成长过程中很有可能存在基因损伤和突变，因此目前对于 iPS 细胞开展较多的研究领域是建立细胞模型，以研究疾病成因和利用疾病细胞进行药物筛选。对于 iPS 细胞的更多医疗潜力，人们拭目以待。

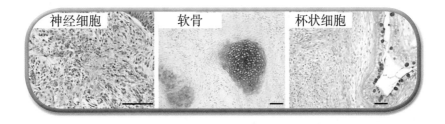

神经细胞　　　软骨　　　杯状细胞

第 6 章

干细胞暗影

数据伪造、篡改图像、虚假结果……与干细胞有关的科技迅速发展，伴随着蓬勃发展的新兴科学，一些影响巨大的负面新闻也不断爆出，成了科学背后的阴影。

巨人的垮塌——黄禹锡 ················

在山中伸弥发布小鼠 iPS 细胞诞生两年前，2004 年，韩国首尔大学教授黄禹锡在《科学》杂志上发表了文章，宣布制造出人的克隆胚胎干细胞。两年后，他又发布了一条轰动性的新闻：用带有疾病基因的人的体细胞转化而来的胚胎干细胞也制造出来了！

像威尔穆特克隆多利那样，把成年人的体细胞装到卵细胞中去，然后像汤姆森制造人胚胎干细胞系那样，从这枚核移植卵中取出胚胎干细胞，以用于疾病治疗。这样的成果听起来太有吸引力了。黄禹锡一下子成了韩国知名度最高的科学家，被授予"最高科学家"的称号。关于他的报道也轰动了世界，许多国际知名干细胞专家纷纷与黄禹锡联络，想要与之合作。

回顾黄禹锡的科学家之路，是一条奋发向上、积极进取的成长之旅。1952 年，黄禹锡出生在韩国的农村，5 岁时，他的父亲就去世了，母亲拉扯着6个孩子长大。为了帮助母亲减轻负担，黄禹锡很小就承担起放牛的任务，他喜欢和牛在一起，也开始有了自己的梦想——做一名兽医。

黄禹锡学习刻苦，成绩拔尖。从国立首尔大学的兽医学专业毕业后，他前往日本北海道大学进行学习研究。1992年，黄禹锡用分割胚胎的方式克隆了牛，不过这种方式是模仿自然界双胞胎的形成方式，而不是将动物体细胞逆转，因此并没有引起像多利那样的轰动。2002年，他培育出克隆猪，2005年，黄禹锡制造出世界上第一条克隆狗……一项又一项克隆领域的突破，使黄禹锡成为克隆领域的权威专家。于是，黄禹锡也将自己擅长的克隆技术应用到了制造人胚胎干细胞上。

2004~2005年，黄禹锡通过《科学》杂志报道了惊人的成果：借助核移植，他的团队从脊髓损伤和糖尿病患者身上提取出了胚胎干细胞，这种干细胞来自患者，因此是为病人"量身定制"的，能够用于疾病的治疗。不过，很快黄禹锡就不得不面对这一"研究成果"遭受质疑和调查的结果。

调查结果认为，2004年黄禹锡制造出的那一株干细胞系是使用242个卵细胞才生成的唯一一株，效率极其低下，是一种"偶然事件"。而 2005 年那篇报道中所谓来自患者的干细胞，其实是负责培养干细胞医院的工作人员造成的污染。工作人员误将来医院进行试管受精夫妇的受精卵混进了为首尔大学培养的患者细胞群落中。调查中发现，一些所谓来自患者皮肤的细胞系与患者的基因型并不匹配，却与来自医院的体外受精胚胎相匹配。除了学术造假，黄禹锡还面临非法购买研究用卵子的指控。

一切真相大白，黄禹锡"最高科学家"的称号被韩国政府撤销了，利用患者的体细胞制造胚胎干细胞系的"突破"是子虚乌有的。虽然黄禹锡是世界上第一个克隆出狗的科学家，但胚胎干细胞却成为他科学生涯中涂抹不掉的污点。

作为一名科学家，必须对自己署名的论文中的数据采取严谨的态度和精益求精的打磨精神，这是黄禹锡必须从这起轰动世界的事件中学到的人生经验和继续科学研究的基本前提。

2013 年，美国科学家利用体细胞核移植的方法，建立了两株胚胎干细胞系，这两株细胞系分别来自亚急性坏死性脑脊髓患者的体细胞。实验中，将患者的体细胞核装入去核卵中，刺激胚胎发育，之后提取胚胎干细胞。黄禹锡

>>

风波后，全球科学家并没有停下治疗性克隆的研究脚步，仍然执着前行。

 给细胞"洗个澡"就能变成干细胞吗

日本科学家山中伸弥利用 4 个转录因子逆转细胞"命运"，制造出 iPS 细胞后，开启了干细胞研究的新领域。不过山中伸弥制造 iPS 细胞的步骤比较复杂，加上成功率很低，不少科学家都试图改变条件简化实验，或是采用其他方式诱导细胞。

2014 年 1 月，同为日本干细胞研究人员的小保方晴子在《自然》杂志上发表了一篇轰动干细胞研究学界的论文。她认为想要改变细胞的命运不用去做转基因那么复杂的操作，只要改变溶液的 pH 值就够了，这种细胞被叫做"STAP 细胞"，意思是"刺激诱导获取多能性细胞"。

小保方晴子就职于日本理化学研究所（RIKEN），这是日本一所知名综合性自然科学研究机构。与小保方晴子作为论文共同作者的若山照彦和笹井芳树两位日本科学家都任职于该研究所，是日本细胞学界的权威学者。若山照彦是世界上第一个成功克隆小鼠的科学家，在克隆领域非常有名，领导着理化研究所的发育生物中心。而笹井芳树毕业于日本名校京都大学，曾师从约翰·格登，格登正是与山中伸弥共同获得2012年诺贝尔生理学或医学奖的获奖者。

除了令人振奋的实验结果，小保方晴子本人也引起了大众的关注，她发表论文时年仅31岁。虽然生物学界有很多优秀的女性研究人员，但小保方晴子与她们不同。她不遵守传统实验室的规定，将实验室墙壁漆成了明黄色，做实验时不穿白大褂而是穿着带花边的厨房料理服，实验室里也装点着卡通贴纸。这些反差让小保方晴子一下子成了科学界最受瞩目的新星。

小保方晴子的这篇论文中说，想要制造iPS这样的"万能细胞"，不需要向细胞内转入任何东西，只要改变细胞所处的环境就行。来自环境的低pH酸刺激就能够使小鼠脾脏的淋巴细胞转化为多能干细胞"STAP细胞"。这种以恶劣环境"激发"细胞潜能的想法，在小保方晴子发表论文前15年，就被查尔斯·维坎提提出过，他正是小保方晴子在美国的导师。

不过，就在小保方晴子发表论文后不到一个月，便不断有人质疑她利用电脑软件修改了实验图像，将实验图片剪切和重新拼接过，还翻出她几年前发表的论文，认为同样存在图像问题。鉴于此，理化学研究所开始对小保方晴子的实验进行审查，《自然》杂志也对该论文进行了重新核查。

在多方压力下，小保方晴子依然坚信STAP细胞是存在的。不过，"坚信"并没有用，科学必须建立在坚实的实验基础上，没有可靠的实验数据，一切信念都是软弱无力的。

虽然日本理化学研究所已经认定了小保方晴子的论文存在篡改等学术不端行为，但在小保方晴子的坚持下，理化学研究所同意小保方晴子加入一个验证实验的小组，在其他人的监督之下重现STAP细胞的制造过程。

2017年7月，《自然》杂志撤回小保方晴子的两篇饱受争议的论文。8月，小保方晴子的导师，也是署名论文共同作者的笹井芳树悬梁自尽。12月，理化学研究所召开新闻发布会，宣布重复STAP细胞制造的实验失败了。小保方晴子并没有能如她所说的那样制造出STAP细胞，最终被研究所给予开除并退还科研经费的处分，并被早稻田大学取消了博士学位。而另一名共同作者若山照彦也被予以停职处理。一场让科学界兴奋到极点又跌落到谷底的干细胞风波就这样画上了句号。

心脏干细胞，一场波及全球的干细胞骗局

心脏有干细胞吗？这个问题曾经争论了 20 年。

2001 年，哈佛大学的皮艾罗·安维萨教授发表了一篇文章，说能够利用骨髓细胞修复小鼠坏死的心肌。2003 年，他发表了一篇认为成人体内拥有心脏干细胞的论文，这些心脏干细胞能够分化成各种心脏细胞。此前人们一直认为损伤的心肌无法再生，而心肌梗死等许多疾病都会造成心肌损伤。紧接着 2011 年，安维萨又宣布发现了肺干细胞。

不过，安维萨的文章发表之后，就有研究人员报告发现无法在实验室中重复他的实验结果，2013 年，哈佛大学启动了对安维萨的调查，2015 年，安维萨的实验室被关闭。已经被研究了十几年的"心脏干细胞"被认为根本就不存在，而曾经被看作是心肌再生权威、心脏病专家安维萨的论文造假行为也浮出了水面。哈佛大学医学院宣布撤销他所发表的 31 篇文章。2017 年，美国政府还起诉安维萨所在的哈佛大学和相关的布瑞根妇女医院，要求赔偿 1000 万美元的研究经费。此前安维萨已经凭借"心脏干细胞"的研

>>

究成为世界干细胞研究领域的权威，主持了上百个NIH（美国国立卫生研究院）项目。

这还没完，由于科学研究就像接力赛跑，一位科学家发现的科学成果会成为其他科学家研究的切入点和起点。自从2001年安维萨首次报道"心脏干细胞"以后，全世界有许多科学家都把研究方向对准了"心脏干细胞"，大量的时间和金钱被投入这一"热门"研究领域，还有不少医药公司，为了研发治愈心脏病的药物，投入金钱和人力进行"心脏干细胞"的研究。

因为"心脏干细胞"很难标记，难以追踪它在动物体内的变化。"心脏干细胞"到底有还是没有成了难解的问题。2018年，荷兰科学家汉斯·克莱弗斯带领团队暂时为这个问题画上了句号：成年小鼠如果发生心肌损伤，是无法自我修复的。没错，当心肌梗死发生时，心脏中确实有些细胞会开始分裂并变得活跃起来，不过这些曾经被认为是"心脏干细胞"的，其实只是血管或者免疫细胞，它们无法产生心肌细胞。成年小鼠心脏中并没有发现心脏干细胞。

虽然没有找到"心脏干细胞"，但通过胚胎干细胞或者iPS细胞可以获得心肌细胞，这也许是未来治疗心肌损伤的可行办法。

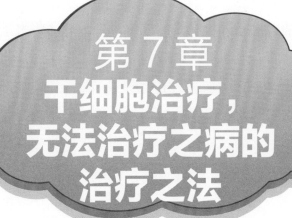

第 7 章
干细胞治疗，
无法治疗之病的
治疗之法

干细胞最能大显身手的领域，是治疗那些由于人体老化或者基因、外因损伤造成的细胞坏死性疾病，比如黄斑变性、帕金森症、肌萎缩侧索硬化症、阿尔兹海默症、1型糖尿病等。这些疾病曾经因为发病原因不明，或者被认为是人体衰老的必然结果，无法医治。还有像脊髓损伤这样的无法治愈之病，让人们束手无策。

 最早的干细胞治疗——骨髓移植

骨髓移植是干细胞应用于临床最成功、最广为人知的治疗手段。骨髓移植中最有效的成分正是移植过去的造血干细胞。

1946年，唐纳德·托马斯刚刚从哈佛医学院毕业，之后他开始投入骨髓移植的研究中。他借鉴小鼠和猴子身上骨髓移植成功治疗辐射后疾病的经验，尝试使用骨髓移植手术挽救白血病患者的生命，但很可惜，他的第一例手术由于当时人类还没有查明白细胞抗原系统（HLA），不知道在配型不符合情况下，移植进入患者体内的骨髓细胞会对患者原本的器官展开疯狂的免疫攻击，同样，患者的免疫系统也会对外来的骨髓细胞进行清除，这次的手术失败了。1968 年，他策划了第一例 HLA 配型符合的骨髓移植手术实施，治疗了一名免疫缺陷儿童患者。

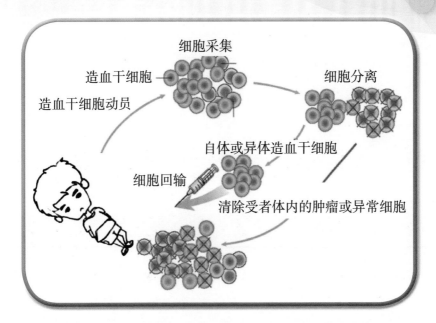

有了成功的经验，有关造血干细胞的研究不断取得突破。科学家发现，是骨髓中的造血干细胞和少量间充质干细胞在白血病治疗中发挥了作用。通过化疗，先清除白血病患者体内出了问题的白细胞，然后移植入来自配型符合的捐献者的造血干细胞。这些外来造血干细胞能够产生出新的、健康的白细胞和血液系统其他血细胞，患者的机体便可以恢复正常功能了。

迄今为止，全世界已经实施了 100 多万例骨髓移植手术。各国纷纷建立骨髓造血干细胞移植库，以增加患者配型成功的概率。截至 2018 年 9 月，中华骨髓库累计库容已超过 250 万人份，总计为临床提供 7600 余例造血干细胞，其中还向 20 多个国家和地区提供 300 多例造血干细胞。造血干细胞移植已经成为治疗白血病、淋巴瘤、多发性骨髓瘤等血液肿瘤的成熟手段，曾经的绝症就这样被人类征服了。

用干细胞治疗黄斑变性

2011 年，日本女学者高桥政代完成了第一例使用 iPS 细胞治疗患者的手术。这名患者患有老年性黄斑变性，这种疾病很常见，在欧美 65 岁以上的人群中，平均每 4 人中就有一人患有黄斑变性。

在患者眼中，文字会发生缺失，视野变得扭曲。这是由于视网膜变性造成的，视网膜能够将光线转化成电信号，人类就能"看"到其他东西，随着年老，视网膜色素上皮细胞死亡，失去了这些细胞的支持，光感受器会因缺乏营养而退化，患者的视力就会发生下降，这种衰老造成的视力下降是不可逆转的。

在高桥之前，英国科学家曾经使用人胚胎干细胞系为黄斑变性患者进行治疗。他们将胚胎干细胞培养出视网膜色素上皮细胞，然后在外科手术中将这些细胞移植入患者的眼中。

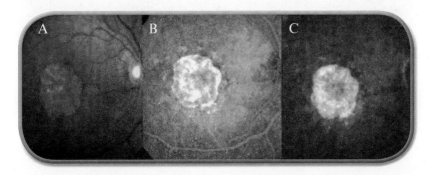

有一位年近九旬的老人几乎右眼全盲，手术后，不仅可以阅读报纸，还可以和妻子一起在花园中照料植物，这失而复得的视力让他惊喜万分。每 6 万个视网膜色素上皮细胞就可以治疗一名患者，一个人胚胎干细胞系可以用来治疗超过 2000 万名患者。

2010 年，美国应用胚胎干细胞的临床试验获批，ACT公司计划使用人胚胎干细胞制造出的视网膜色素上皮细胞（RPE）治疗视网膜疾病。这也是美国第二起获批进行临床试验的干细胞治疗。

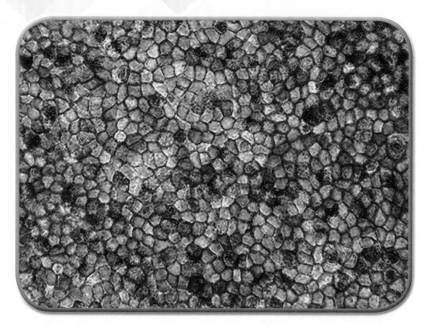

高桥政代没有使用胚胎干细胞，而是使用了黄斑变性患者的皮肤细胞。先将这些细胞制作成 iPS 细胞，再分化成视网膜色素上皮细胞，之后将它们培养成薄薄的一层，移植到患者眼中。这也是山中在发现 iPS 细胞后，世界上第一例使用 iPS 细胞的临床治疗。

和之前使用胚胎干细胞治疗黄斑变性不同，高桥使用了患者来源的细胞，这些细胞与患者具有相同的基因组，完全不会引发免疫排斥。在用于人类患者治疗之前，高桥团队也在小鼠和猴子身上进行了先期实验，证明 iPS 细胞不会引发肿瘤。

虽然使用 iPS 细胞治疗疾病获得了不错的结果，但新型治疗手段从研发到临床应用，没有 5~10 年的反复验证是无法实现的。有效性、安全性都是科学家需要慎重考察的方面，iPS 细胞在医疗中的广泛应用还需要经历更多的考验。

 用干细胞治疗自身免疫性疾病和心脏病

间充质干细胞是目前干细胞治疗的热点之一。截至 2019 年 4 月，在美国国立卫生研究院管理的临床研究登记系统（http://clinicaltrals.gov）中注册的应用间充质干细胞的临床试验已接近千条。

间充质干细胞是多功能干细胞，能够分化出骨细胞、脂肪细胞等，骨髓、脐带、胎盘、脂肪中都能够获取间充质干细胞。除了分化成其他细胞，间充质干细胞分泌的细

<<<<<<<<<<<<<<<<<<<<<<<<<<<<<<<<<<<<<<

胞因子能够减少炎症，促进其他干细胞增殖，促进损伤组织的修复。在白血病的治疗中，除了造血干细胞，间充质干细胞也起到了辅助作用，而且间充质干细胞不容易引发受体的免疫排斥反应，也不容易引发肿瘤，更容易定位在需要修复的损伤组织，这使得间充质干细胞成为目前干细胞临床应用的明星研究对象。

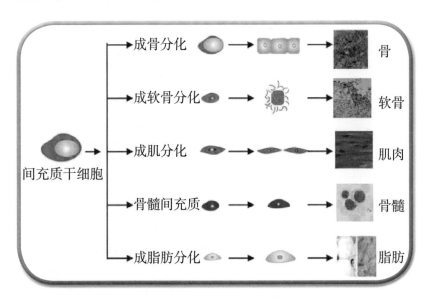

骨髓间充质干细胞对于自身免疫性疾病的临床试验已经取得了较多的经验和比较好的效果。类风湿关节炎、1型糖尿病、红斑狼疮、甲亢甲减……这些都属于自身免疫性疾病。免疫系统是人体的保护屏障，通过识别和消灭来自外界的病毒、细菌，杀死来自身体内部的肿瘤细胞来维护人体的健康。当免疫系统出了问题时，会难以分辨敌人和自己人，造成误伤人体正常组织，人就会患上免疫性疾病了。很多自身免疫性疾病由于发病机制都还没有完全研究清楚，治疗方案也就难以明确。

除了对免疫系统疾病的治疗研究，间充质干细胞也由于能够滋养其他细胞的生长、减少炎症，被用于损伤修复。心力衰竭是一种非常凶险的心血管疾病，许多心血管疾病晚期都会引发心力衰竭。可心脏细胞与神经细胞类似，受到损伤后很难再生，美国和欧洲很早就启动了应用干细胞治疗心力衰竭的临床试验研究。

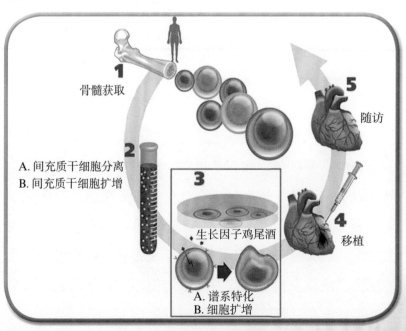

在 iPS 细胞诞生之前，科学家就已经利用胚胎干细胞分化出心肌细胞。这些细胞能够自发搏动，但接下来的电生理检测结果，说明这些心肌细胞还没有成熟，成熟后的心肌细胞才可能拥有电生理特性。

2016 年，当时的国家卫计委批准了上海市东方医院的"人脐带间充质干细胞治疗心衰的临床研究"备案。临床研究中，将使用脐带间充质干细胞注射至患者心肌梗死附近区域。这种来自脐带的间充质干细胞免疫原性低，不容易引发患者的排异反应。更多的间充质干细胞研究正在如火如荼地进行中，人们拭目以待。

 用干细胞治疗脊髓损伤 ·················

1995 年，曾经扮演超人的克里斯托弗·里夫在一场马术比赛中意外跌落，伤到了脊髓。由于脊髓损伤严重，从颈部以下，他的身体失去了直觉，全身瘫痪，只能依靠人工呼吸机为生。当时的医疗条件对于这种脊髓损伤几乎束手无策。2004 年，克里斯托弗·里夫去世，他在生前成立的基金会继续支持着治疗神经系统损伤的科学研究，期待能够早日治愈脊髓损伤这种难治之病。

像"超人"克里斯托弗·里夫那样，因为意外事故造成脊髓损伤的患者，在全球每年有 25 万~50 万人。

　　交通事故、地震、高处跌落……这些事故都可能损伤人类脆弱的脊柱，使脊髓受损。脊髓与大脑中的中枢神经相互连接，位于脊椎的椎管内，来自大脑的指令通过脊髓传递给身体各个部位。脊髓震荡还可以通过手术恢复，而脊髓挫伤会造成患者行动不便，要是更严重的脊髓全横断，就会造成严重的半身不遂、全身瘫痪。脊髓受损是不可逆的，常常会造成永久瘫痪。

　　脊髓损伤患者不分年龄性别，有些患者原本可能身强力壮，是家里的顶梁柱；有些患者原本是一名非常有前途的运动员，仅仅因为一场意外，就痛失梦想；有些患者无法行走，此后的人生都需要与轮椅作伴，还有些患者由于颈段脊髓损伤，造成高位截瘫。

　　脊髓损伤一直是医学难题，一些传统医学办法例如针灸、理疗等辅助性治疗虽然能够缓解一些症状，但无法从根源上治疗患者。

　　1992 年，雷诺兹从小鼠中分离得到神经干细胞，1999年，斯文森从人胚胎中获得神经干细胞，这些多功能干细胞在人体内能分化出神经细胞、胶质细胞等，而且免疫源性比较低。人们异常兴奋，这也许预示着像车祸或中风造成的神经损伤能够借神经干细胞的力量治愈了。可是后续的研究发现，神经干细胞自从每个人出生开始，就会越来越少，等到了成年后，虽然人的脑部还有神经干细胞，但数量已经非常少了，藏在大脑深处的狭窄区域里，处在静止状态。

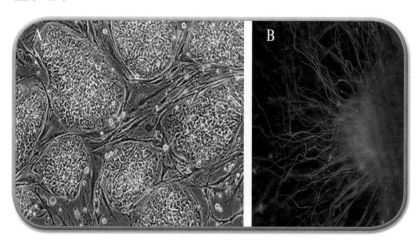

2009 年，美国食品药品管理局（FDA）批准 Geron 制药集团开展临床利用胚胎干细胞药 GRNOPC1（少突神经胶质细胞前身细胞）治疗脊髓损伤的截瘫患者的研究，这也是全球首例应用胚胎干细胞的临床试验。

2010 年，时年 21 岁的艾奇逊成为接受这项治疗的第一名患者。他患有外伤造成的高位截瘫，在注射 GRNOPC1 细胞后，他感觉到下半身有了些微感觉。其他参与试验的患者也没有明显的不良反应。不过，这项临床试验却由于资金问题，在 2011 年戛然而止。2013 年，BioTime 公司继续了 Geron 公司的研究，研究进入Ⅱ期临床阶段。

2015 年，中国科学院戴建武教授在临床研究中，利用神经再生胶原支架联合含有间充质干细胞的骨髓单核细胞治疗脊髓损伤，这些支架可以把干细胞尽可能地限制在受损区域内。首批接受治疗的 5 名患者中，有 4 名患者运动功能有所改善，而这 5 名患者在一年的观察期内，均没有发现严重的不良反应。

2017 年，中山大学附属第三医院通过输注脐带间充质干细胞，使一位已经在轮椅上坐了十年的患者的腿部有了恢复，在一年的治疗后，他能够从轮椅上站起来，并能在辅助器械的帮助下行走。其他接受治疗的患者中，也有 70% 的患者症状得到明显改善。

这些脐带间充质干细胞（UC-MSCs）源于新生儿的脐带组织，免疫源性低，不容易造成接受移植患者的免疫反应。在输入患者体内时，采用了鞘内注射，这比静脉注射更有利于干细胞的存活。

2018 年，日本一项利用间充质干细胞治疗脊髓损伤的疗法获批上市。在此前的临床试验中，13 名接受试验性治疗的患者中，有 12 名病情得到了改善。到了

2019 年，利用 iPS 细胞治疗脊髓损伤的临床试验也正在进行。

除了单单借助干细胞的力量，2019 年 1 月，加州大学圣地亚哥分校的研究人员，还将 3D 打印与干细胞技术融合起来。先根据患者的自身情况，利用 3D 打印定制柔软的支架，这些包含许多细如发丝的通道，能够保护神经干细胞并引导它们在特定的部位生长。将支架植入患者体内，再将神经干细胞引入，这些神经干细胞就能够在支架中生长并相互连接起来，恢复脊髓传递神经信号的功能，准确地修复脊髓受损部位。这项实验已经在大鼠中得到了不错的结果，经过几个月的时间，大鼠受损的脊髓得到了修复，四肢的运动能力明显提高了。

这种将 3D 打印与干细胞技术相结合的方式，也许是解决器官短缺的好办法。目前的 3D 打印技术已经能够在体外制造出模仿各种器官的生物支架，在支架上植入来自患者的 iPS 细胞，使它们在这里安心生长，直到长成器官，再移植到患者体内，替代坏死的老器官。虽然相关研究才刚起步，一定会遭遇各种困难，但这是非常吸引人的研究方向。

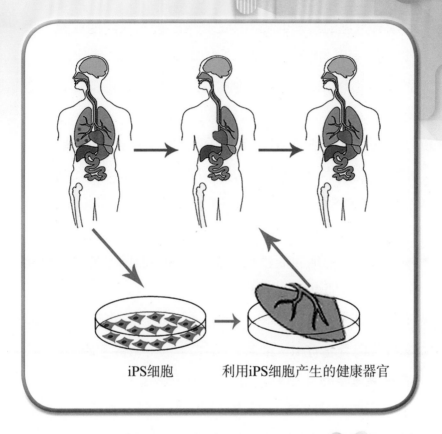

iPS细胞　　　　　利用iPS细胞产生的健康器官

 构建疾病细胞模型，用干细胞系筛选新药

　　山本育海是一名罕见病患者，他所患有的，是发病率1/200万的肌肉骨化症。这种疾病患者的肌肉、软组织会逐渐消失、骨化，变成石雕一样坚硬。想要治愈这种疾病，必须有足够的疾病的样本用来研究，揭秘疾病的成因，才能对症下药，找到治疗的方法。而肌肉骨化症发病率很低，患者数量少，以往进行的研究也少，到现在还没有有效的治疗方法。

2010 年，育海在了解山中伸弥的 iPS 细胞研究后，提出希望能提供自己的细胞，用于研究肌肉骨化症的病因。京都大学 iPS 细胞研究所（CiRA）提取了育海的皮肤细胞，用于制造 iPS 细胞，也许这样就能通过 iPS 细胞再现正常的肌肉变成骨细胞的过程。清楚了发病原因，就能够研发出预防或者治疗疾病的药物了。

京都大学的科学家将 6800 余种药物分别作用于这些模拟肌肉骨化症 iPS 细胞。2017 年，雷帕霉素脱颖而出，这种药物能够抑制骨骼异变，延缓病情恶化。山本育海也和其他 20 名患者一起成为第一批接受这种药物治疗的患者。

除了肌肉骨化症的 iPS 细胞，日本熊本大学也和日本理化学研究所等机构一起，组建了 iPS 细胞库。目前，细胞库里已经有肌营养不良、肌萎缩侧索硬化症等疾病的 iPS 细胞。

iPS 细胞的使用，大大缩短了新药筛选的时间，能够为更多的患者尽早解除病痛。之前由于没有人体细胞模型，

只能用动物进行测试，通常是使用小鼠的细胞。但动物与人的差异很大，如果简单地从小鼠的测试结果计算出人类的使用剂量，会发生偏差，这些剂量和疗效上的差异可能是严重的。现在，可以通过建立疾病细胞模型，对这些人体细胞用药，从而测试药物的计量和疗效。

由于人体存在个体差异，对同一种药物的敏感度不同，更有的药物对某些人疗效很好，而对另一些人却有着严重的副作用。这时，可以通过来自各种遗传亚型的细胞进行测试，确定可能会对药物产生严重副作用的患者范围，避免给他们使用这些药物，而不是杜绝这种药物进入市场。

用干细胞系再现疾病成因 ············

肌萎缩侧索硬化症有一个更广为人知的名字"渐冻症"。这是运动神经元破坏造成的疾病，运动神经元大部分存在于脊髓中。随着运动神经的不断死亡，患者会变得说话困难，吞咽困难，身体逐渐失去直觉，甚至无法呼吸，就像身体逐渐被冰冻一样。

由于现代科学对大脑和神经系统的研究还不够多，对于肌萎缩侧索硬化症并没有好的治疗方法。物理学家霍金一生饱受肌萎缩侧索硬化症的困扰，不过天性乐观的霍金并没有被这种疾病压垮，在轮椅上继续他的科学研究，洞察宇宙、研究宇宙起源。

哈佛大学和哥伦比亚大学的科学家已经将来自老年肌萎缩侧索硬化症患者的皮肤细胞利用 iPS 技术在哈佛干细胞研究所（HSCI）中培育成运动神经元作为疾病模型。也就是说，科学家能够在实验室的培养皿中再现一枚健康细胞是怎样变成病变细胞的，并对疾病进行了建模。

有了大量的"疾病模型"，科学家们发现原本应该协助运动神经元的神经胶质细胞，因为基因突变反而释放出有毒的化合物，这些毒物是造成患者运动神经元死亡的原因之一，这一发现有力推翻了此前对这一疾病成因的推论。

现在，科学家已经着手开始筛选能够为神经元细胞"解毒"的药物了。在过去，想要将一种药物从研发到上市需要经过10年左右的时间，经过4个阶段的临床试验来评估药物的安全性和疗效。现在有了干细胞的协助，会大大缩短查明疾病病因，从而发现有效治疗方案所花费的时间。

用干细胞治疗帕金森病和阿尔茨海默症

一些老年人记忆力严重下降，明明吃过早饭了，可坚信自己还没吃。还有人不认识家人，一旦出门很难找到回家的路。他们患上的是阿尔茨海默症，也就是人们常说的老年痴呆。

1901年，德国医生阿尔茨海默第一次公布了自己对这项疾病的研究。不过在当时，这种病的发病率并不高，因为受限于环境、营养、医疗条件，在20世纪初，人们的平均寿命根本达不到60岁，老年性疾病出现的机会也不高。

在过去的100多年，经济的增长和科技的迅速发展使得全球人口的寿命大幅延长了，阿尔茨海默症的患者也就越来越多。

阿尔茨海默症和帕金森病都是由于大脑中的神经元死亡而发病的，是一种退行性疾病。退行性疾病的意思，就是随着人的年龄增长、身体衰老、器官老化而患上的一些疾病。比如阿尔茨海默症是由于 Aβ 蛋白在大脑中的沉积导致的，会造成认知能力下降，而帕金森病是由于多巴胺能神经元的坏死导致的，患者会出现震颤和运动迟缓。这些疾病由于是衰老造成的，很难像感冒、发烧那样药到病除，难以彻底"治好"。因此在以前，只能通过药物让病情进展得慢一些，却无法阻止疾病的发展。

而有了干细胞技术，科学家们已经尝试用新细胞替换老细胞的办法，从根源入手把病真正"治好"了。由于人体中的神经干细胞数量极少，又难以提取和培养。在帕金森病的临床试验中，大多使用了骨髓间充质干细胞（BMSCs）或来自脐带和脂肪的间充质干细胞来分化成多巴胺神经元，然后通过手术植入患者体内，替代原本坏死的神经元，治疗帕金森病。

将骨髓间充质干细胞通过激光辐射等物理方法，通过化学神经诱导因子刺激，或是与已经分化为神经细胞的骨髓间充质干细胞一起移植到患者体内，都可以使骨髓间充质干细胞转化为用来替换的新神经细胞。另外，除了分化出新的神经元，骨髓间充质干细胞本身就能够分泌出神经营养因子、神经生长因子等，能够发挥保护神经、促进血管生成、抗凋亡的作用。

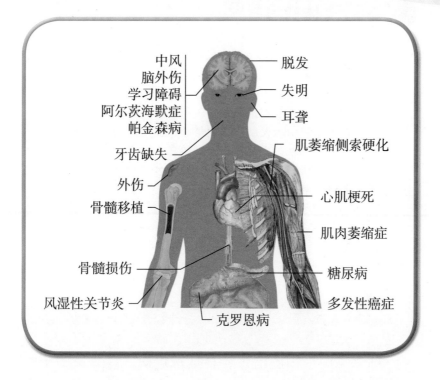

不过，利用骨髓间充质干细胞治疗帕金森病还有很多棘手的问题需要解决。现在将骨髓间充质干细胞移植到患者体内常常是通过静脉注射，不过静脉注射很难确保这些外来细胞能够正确到达疾病部位。如果直接移植到大脑中的病变部位，虽然效果最明显，但手术的风险很大。目前发现通过鼻腔移植，能够通过鼻腔与大脑的神经通路到达大脑，风险更小，这也是未来移植的探索方向。

 ## 神经细胞能自我更新吗

人们曾经一直认为成年哺乳动物的神经无法自我更新，然而在1992年，加拿大科学家雷诺兹和韦斯从成年小鼠大脑中分离出了神经干细胞。这一试验打破了人们的固有观念。神经干细胞存在于成年哺乳动物大脑中，能够分化成神经细胞、少突胶质细胞等，不过神经干细胞在大脑中存在量非常少，且通常处在静止状态，对于大脑和脊髓中的严重损伤难以修复。

 ## 干细胞能解决所有问题吗

对于应用干细胞治疗各种疑难疾病，科学家寄予厚望。在研究干细胞的过程中，不断有令人振奋的成果涌现，不过也有一些成果是在原本想借助干细胞力量的过程中，因干细胞开启了新思路，发现了其他可行的医疗方法。

道格拉斯·梅尔顿原本是哈佛大学发育生物学教授，

专门研究青蛙的胚胎发育。1991 年，他的儿子在年仅 6 个月大时被确诊患上 1 型糖尿病。多年后，他 14 岁的女儿同样患上这种疾病。1 型糖尿病患者缺乏胰岛素，无法分解血液中的葡萄糖，而葡萄糖是人体的能量来源。这种疾病虽然可以通过补充胰岛素进行治疗，但注射的胰岛素无法像正常人体内的胰岛素那样根据血液中葡萄糖的含量进行时时精细调控。血液中不稳定的葡萄糖浓度会损伤肾脏、血管和其他器官，糖尿病常常会引起其他并发症。

梅尔顿在大学的生物课上，曾经了解到蝾螈具有四肢再生能力，切除四肢后，能够再生。自然界中，许多结构简单的低等动物，比如淡水涡虫、斑马鱼的再生能力非常强。淡水涡虫身体的每个碎片都能重新长成一个完整个体。斑马鱼的心脏、鱼鳍都能够再生，而且再生后的器官不会产生疤痕组织，堪称完美修复。

梅尔顿考取了格登的研究生，格登曾在 1958 年发表了一篇文章，否定了之前科学家认为的，只有早期胚胎细胞才能靠核移植形成新个体的说法。格登成功把蝌蚪的肠细胞移植到蛙卵中，使这些完全分化的细胞重新编程，回到生命的起始阶段，他成功克隆出大量蝌蚪，也是世界上第一个克隆出动物的人，虽然他没有使用过"克隆"这个词。

格登鼓励梅尔顿考虑再生医学的研究方向，从剑桥大学分子生物学专业毕业后，梅尔顿决心开发自己的干细胞实验。由于当时的美国政府对于胚胎干细胞的研究限制很多。他筹建起自己的实验室，组建起团队，目标非常明确——找到治愈糖尿病的方法，培育出能产生胰岛素的胰岛 β 细胞。

梅尔顿发现，1 型糖尿病患者没有足够的胰岛 β 细胞来分泌胰岛素，而且由于自身免疫性攻击，就算为患者补充了胰岛 β 细胞，也会被自己的免疫系统消灭。梅尔顿的团队成功将小鼠胚胎干细胞诱导成为胰岛 β 细胞，这种细胞能够根据血液中的葡萄糖含量分泌胰岛素。不过，他也发现，人体内的胰岛 β 细胞没有成体干细胞。这意味着每个人从出生时，所拥有的胰岛 β 细胞就是一生中所有胰岛 β 细胞的来源。

用胚胎干细胞或是 iPS 细胞制造胰岛 β 细胞，然后移植到患者体内，这是梅尔顿的目标。2008 年，梅尔顿使用 9 个基因，让一种普通胰腺细胞分泌出胰岛素，并具有和胰岛 β 细胞类似的功能。

不再强迫体细胞回到原点，也不必非要找到对应某种细胞的干细胞，而是利用多种方法让细胞重新编程，比如让皮肤细胞直接变成心肌细胞，这也是梅尔顿和许许多多科学家正在探索的新方向。

根据Transparency Market Research发布的数据，2018年，全球干细胞市场规模超过千亿美元。据我国卫生部门统计，我国干细胞的市场规模超过400亿元。

不过，干细胞的产业化还处在早期阶段。自2009年首款干细胞药物获批后，全球批准上市的干细胞产品屈指可数。截至2019年4月，在美国官方临床实验注册网站（http://clinicaltrials.gov）中，与胚胎干细胞、成体干细胞、诱导多能干细胞相关的临床试验有5000余项，其中在中国开展的有400多项。这些临床试验大都处于早期研究阶段，这其中绝大多数是围绕成体干细胞的研究。

这是因为人类对干细胞的研究还远远不足，对于控制干细胞的分化情况还在摸索，对于如何让干细胞或由干细

胞分化出来的成熟细胞准确到达需要修补的地方还在探索之中。而将干细胞应用于治疗必须既要保证临床安全，也要具有明显疗效。如果将本应该处在基础研究阶段的技术直接应用到临床诊疗中，难免埋下隐患，还可能造成不可挽回的风险。

成体干细胞所能分化出的细胞类型更少，更安全，而且来自患者的成体干细胞不会产生免疫排斥反应，来自胎盘、脐带的成体干细胞具有比较低的免疫原性，更不容易引发免疫排斥反应。

在未来，传统的药物治疗、手术治疗与细胞治疗会相结合起来，形成新的综合治疗模式。对于干细胞疗法，需要相关制度的制定和监管，才能保证干细胞行业不被滥用、不被扭曲地健康发展。

目前，中国知网关于"干细胞"的论文已超过10万篇。已有35个干细胞临床研究项目经过国家卫健委和药监局备案。而将干细胞治疗视网膜色素变性、卵巢功能不全等临床研究也已完成备案，即将启动研究。2017年，我国发布首个干细胞通用标准《干细胞通用要求》，2019年，《人胚胎干细胞》标准落地，让干细胞这种与众不同的"活"药品有了清晰的标准化技术要求、检验方法和严格的质量控制标准，使干细胞这一前沿生物技术走上了健康发展之路。

自人类出现在地球，人类与疾病和衰老的斗争从未停下脚步。糖尿病、艾滋病、癌症这些现在看来无法彻底治愈的疾病很可能在几十年后像曾经的肺结核一样可以被治愈，像曾经的天花一样成为人类漫长历史长河中的一段短暂印记，而干细胞可能正是未来人类对抗疾病、地球生命长久延续的最有力武器之一。

　　（因寻找未果，请本书中相关图片的著作权人见此信息与我们联系，电话 021-66613542）